1 正の数・負の数

[月 日]

入試重要ポイント TOP3

加法と減法
減法は加法にし，正の項・負の項に分けて計算する。

3 数以上の乗除
①すべて乗法に
②符号を決める
③計算する の順

四則計算
四則の混じった計算では，計算の順序に注意する。

JN024990

1 正の数・負の数

次の問いに答えなさい。

(1) -3，$+4$，-7 の大小を，不等号を使って表しなさ

　　負の数は絶対値が大きいほど**小さい**から，$-7 < -$

(2) 絶対値が 3 より大きく 6 以下になる整数をすべて求めなさい。

　　3 より大きく 6 以下の整数は，$\underline{4}$，$\underline{5}$，$\underline{6}$ だから，絶対値が 4，5，6 になる整数は $\underline{-6}$，$\underline{-5}$，$\underline{-4}$，4，5，6

2 加法と減法

次の計算をしなさい。

(1) $5 + (-12)$ 　　　　　　(2) $-4 - (-9) - 2$
　$\underset{\llcorner 項にする}{}$
　$= 5 \underline{-} 12$ 　　　　　　　$= -4 \underline{+} 9 - 2 = \underset{\llcorner 負の項 \quad \llcorner 正の項}{-4 - 2 + 9}$

　$= \underline{-7}$ 　　　　　　　　　$= \underline{-6} + 9 = \underline{3}$

3 乗法と除法，四則計算

次の計算をしなさい。

(1) $(-8) \times (-7)$ 　(2) $(-54) \div (+6)$ 　(3) $(-5)^3$

　$= \underset{\llcorner 同符号の 2 数の積}{\underline{+}(8 \times 7)}$ 　$= \underset{\llcorner 異符号の 2 数の商}{\underline{-}(54 \div 6)}$ 　$= (-5) \times (-5) \times (-5)$

　$= \underline{56}$ 　　　　　$= \underline{-9}$ 　　　　$= \underset{\llcorner 負の数が奇数個}{\underline{-125}}$

(4) $\underset{\llcorner 累乗を先に計算する}{(-4)^2} \times 9 \div 8$ 　　(5) $7 + (-3)^3 \div (-3^2)$

　$= 16 \times 9 \times \dfrac{1}{8} = \underline{18}$ 　　　$= 7 + \underset{\llcorner 乗除を先に計算する}{(-27) \div (-9)}$

　　　　　　　　　　　　　　$= 7 + \underline{3} = \underline{10}$

(6) $-\left(-\dfrac{1}{5}\right) + \dfrac{7}{8} \div \left(-\dfrac{5}{4}\right)$ 　(7) $\left(-\dfrac{2}{3}\right)^2 \times 6 \div (-10) - \dfrac{3}{5}$

　$= \dfrac{1}{5} + \dfrac{7}{8} \times \underset{\llcorner 乗法になおす}{\left(-\dfrac{4}{5}\right)}$ 　　　$= \dfrac{4}{9} \times 6 \times \left(-\dfrac{1}{10}\right) - \dfrac{3}{5}$

　$= \dfrac{1}{5} - \dfrac{7}{10} = \dfrac{2}{10} - \dfrac{7}{10}$ 　　　$= -\dfrac{4 \times 6 \times 1}{9 \times 1 \times 10} - \dfrac{3}{5}$
　　　　　　　　　　　　　　　　　　　$\underset{\llcorner 約分する}{}$

　$= -\dfrac{1}{2}$ 　　　　　　　　$= -\dfrac{4}{15} - \dfrac{9}{15} = -\dfrac{13}{15}$

…アップ

…数

ある数…点と原点との距離をその数の**絶対値**という。

② 負の数 < 0 < 正の数

加減の混じった計算

減法は，加法になおす。加法だけの式になおしたら，**正の項・負の項**をそれぞれ集めて別々に計算する。

例 $(-2) - (-1) + 3 + (-6)$
　$= -2 + 1 + 3 - 6$
　$= 1 + 3 - 2 - 6$
　$= 4 - 8 = -4$

乗除の混じった計算

① 除法は，**逆数**をかけて，乗法になおす。

② 乗法だけの式になおしたら，計算結果の符号を決める。
　・負の数が偶数個…＋
　・負の数が奇数個…－

累乗の計算

るいじょう
累乗…同じ数をいくつかかけあわせたもの

例 $(-4)^2 = (-4) \times (-4) = 16$
　$-4^2 = -(4 \times 4) = -16$

四則計算

① 四則計算は累乗・かっこ→乗除→加減の順に計算する。

② 分配法則
　$(a + b) \times c = a \times c + b \times c$

例 $27 \times (-5) + 73 \times (-5)$
　$= (27 + 73) \times (-5) = -500$

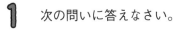 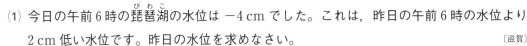

やってみよう!入試問題

解答 p.2 目標時間 10 分

□ 分

1 次の問いに答えなさい。

(1) 今日の午前 6 時の琵琶湖の水位は $-4\,\mathrm{cm}$ でした。これは、昨日の午前 6 時の水位より $2\,\mathrm{cm}$ 低い水位です。昨日の水位を求めなさい。　〔滋賀〕

[　　　　　　　]

↓下の ココ注意! を見よう!

(2) 絶対値が $\dfrac{7}{3}$ より小さい整数をすべて書きなさい。　〔鹿児島〕

[　　　　　　　]

2 次の計算をしなさい。

(1) $1+(-5)-(-2)$ 　〔香川〕

(2) $\left(-\dfrac{5}{6}\right)+\dfrac{2}{9}$ 　〔愛媛〕

[　　　　　　]　[　　　　　　]

(3) $4\times\left(-\dfrac{5}{12}\right)$ 　〔佐賀〕

(4) $\left(-\dfrac{3}{4}\right)\div\dfrac{5}{6}$ 　〔高知〕

[　　　　　　]　[　　　　　　]

(5) $-\dfrac{1}{5}+\dfrac{5}{6}\div\dfrac{5}{2}$ 　〔山形〕

(6) $\left(\dfrac{2}{5}-3\right)\times10+19$ 　〔京都〕

[　　　　　　]　[　　　　　　]

(7) $(-2)^3\div4-3^2$ 　〔大分〕

(8) $(-3)^2\times(-2)-6\times(-2^2)$ 　〔大阪〕

[　　　　　　]　[　　　　　　]

(9) $6\div\left(-\dfrac{2}{3}\right)+(-5)^2$ 　〔京都〕

(10) $\dfrac{15}{4}\times\left(-\dfrac{4}{3}\right)^2\div\dfrac{5}{12}$ 　〔土浦日本大高〕

[　　　　　　]　[　　　　　　]

 0 や負の整数もあるので、数直線をかいて考えてみよう。

2 文字と式

入試重要ポイント TOP3

1次式の加減
文字と数の項を分けて計算。文字は係数を加減する。

1次式の計算
かっこは分配法則ではずす。分数式の加減は通分する。

関係を表す式
大小関係は不等号（≦，＞など）を使って不等式で表す。

1 1次式の加法・減法

次の計算をしなさい。

(1) $\dfrac{2}{3}x - \dfrac{5}{4}x$

$= \dfrac{8}{12}x - \dfrac{15}{12}x = \underline{-\dfrac{7}{12}x}$

(2) $3x - 4 - 7x + 6$

$= 3x - 7x - 4 + 6$
　　　└文字の項 └数の項
$= \underline{-4x + 2}$

(3) $(3a+2)+(-6a+5)$
　　　　└そのままかっこをはずす
$= 3a + 2 - 6a + 5$

$= \underline{-3a + 7}$

(4) $(8x-10)-(9x-7)$
　　　　└各項の符号を変えて
$= 8x - 10 - 9x + 7$ かっこをはずす

$= \underline{-x - 3}$

2 1次式と数の乗除，1次式の計算

次の計算をしなさい。

(1) $(-12x+8)\div(-4)$
　　　　└分配法則を用いる
$= \dfrac{12x}{4} - \dfrac{8}{4} = \underline{3x - 2}$

(2) $(-8)\times\dfrac{3a-4}{2}$

$= -4(3a-4) = \underline{-12a + 16}$

(3) $2(4x-1)-3(5x-7)$

$= 8x - 2 - 15x + 21$

$= \underline{-7x + 19}$

(4) $\dfrac{2a-1}{3} + \dfrac{3a+6}{5}$
　　　　　└通分する
$= \dfrac{5(2a-1)+3(3a+6)}{15}$

$= \dfrac{10a-5+9a+18}{15}$

$= \underline{\dfrac{19a+13}{15}}$

3 関係を表す式

次の数量の関係を，等式または不等式で表しなさい。

(1) a 個のみかんを，1人に3個ずつ b 人に配ると2個余る。

$a = \underline{3b + 2}$

(2) ある数 x に5をたした数は，もとの数 x の3倍より小さい。

$\underline{x + 5 < 3x}$

入試得点アップ

1次式の加法・減法

① 同じ文字の項の加減

例 $3x + 2x$
$= (3+2)x = 5x$

② $-(\quad)\Rightarrow$ かっこ内の各項の符号を変えてかっこをはずす。

例 $-(a-b) = -a+b$

③ 1次式の加減
文字の項と数の項に分けて，それぞれまとめる。

1次式と数の乗除

① **分配法則** $a(b+c)$
$= ab + ac$ を使って，かっこをはずす。

② (1次式)÷数 は**逆数**を使って乗法になおす。

分数式の加減

分母を**通分**して計算する。

例 $\dfrac{3x-5}{10} - \dfrac{2x+5}{15}$

$= \dfrac{3(3x-5)-2(2x+5)}{30}$

$= \dfrac{9x-15-4x-10}{30}$

$= \dfrac{5x-25}{30} = \dfrac{x-5}{6}$
　　　　　約分

関係を表す式

① **等式**…2つの数量が等しい関係を表した式

② **不等式**…不等号（≦，＞など）を使って，2つの数量の大小関係を表した式

1 次の計算をしなさい。

(1) $a - \dfrac{1}{2}a + \dfrac{3}{8}a$ 　〔滋賀〕

(2) $8x - 3 - 2x + 7$ 　〔大阪〕

[　　　　　　　]　　　　　　[　　　　　　　]

(3) $-3(x+2) + (7-9x)$ 　〔佐賀〕

(4) $4(x+2) - (3x-1)$ 　〔徳島〕

[　　　　　　　]　　　　　　[　　　　　　　]

(5) $5(3a+2) - 3(4a+6)$ 　〔福岡〕

(6) $\dfrac{3a-1}{5} - \dfrac{a-2}{3}$ 　〔大阪〕

[　　　　　　　]　　　　　　[　　　　　　　]

2 次の問いに答えなさい。

(1) x km の道のりを時速 4 km の速さで歩いたとき,かかった時間を x を使った式で表しなさい。　〔富山〕

[　　　　　　　]

(2) ある商店で,定価が 1 個 a 円の品物が定価の 3 割引きで売られています。この品物を 10 個買ったときの代金を,a を使った式で表しなさい。　〔福島〕

[　　　　　　　]

3 次の数量の関係を,等式または不等式で表しなさい。

(1) 25 m のテープから x m のテープを 7 本切り取ると,y m 残る。　〔愛知〕

[　　　　　　　]

(2) x に -3 をかけて 5 をひいた数は 7 より小さい。　〔青森〕

[　　　　　　　]

 (1)道のり÷速さ＝時間　(2)売価＝定価×(1－割引率)の公式を用いよう。

3 数と式／2年 式の計算

入試重要ポイント TOP3

多項式の加減
2文字以上の加減は，同類項をまとめて簡単にする。

単項式の乗除
除法は乗法になおし，指数法則を使って計算する。

式の値の計算
式を簡単にしてから，負の数は（ ）をつけて，代入する。

1 多項式の加減，単項式の乗除

次の計算をしなさい。

(1) $\overbrace{3(2x+y)}-\overbrace{4(3x-7y)}$
└ 分配法則を用いる
$=6x+3y-12x+28y$
└ 同類項をまとめる
$=-6x+31y$

(2) $2a-b-\dfrac{a-6b}{3}$
└ 通分する
$=\dfrac{3(2a-b)-(a-6b)}{3}$

$=\dfrac{6a-3b-a+6b}{3}=\dfrac{5a+3b}{3}$

(3) $(10a^2-5a+15)\div(-5)$

$=(10a^2-5a+15)\times\left(-\dfrac{1}{5}\right)$
└ 逆数をかける
$=-2a^2+a-3$

(4) $3x^2\times 6xy^2\div(-9xy)$

$=-\dfrac{3x^2\times 6xy^2}{9xy}=-2x^2y$
└ 約分する

2 式の値

次の式の値を求めなさい。

(1) $x=-3$, $y=2$ のとき，$-2x+9y$ の値

$-2x+9y=-2\times(-3)+9\times 2=6+18=24$
└ 負の数はかっこをつけて代入

(2) $a=3$, $b=-1$ のとき，$(-6ab^2)\div 3b$ の値

式を**簡単**にしてから代入する。

$(-6ab^2)\div 3b=-\dfrac{6ab^2}{3b}=-2ab=-2\times 3\times(-1)=6$

3 等式の変形

次の等式を〔 〕内の文字について解きなさい。

(1) $a=5b+c$ 〔b〕
└ 左辺と右辺を入れかえる
$5b+c=a$

$5b=a-c$
└ 両辺を5でわる
$b=\dfrac{a-c}{5}$

(2) $z=\dfrac{2x-y}{4}$ 〔x〕

$\dfrac{2x-y}{4}=z$
└ 両辺に4をかける
$2x-y=4z$

$2x=4z+y$

$x=\dfrac{4z+y}{2}$ $\left(x=2z+\dfrac{y}{2}\right)$

入試得点アップ

単項式と多項式

① **単項式**…数や文字の乗法だけでできた式
② **多項式**…単項式の和の形で表される式
③ **同類項**…文字の部分が同じ項

累乗の計算

次の**指数法則**を用いる。
・$a^m a^n=a^{m+n}$
・$(a^m)^n=a^{mn}$
・$(ab)^n=a^n b^n$
例・$a^2 a^3=a^{2+3}=a^5$
・$(a^2)^3=a^{2\times 3}=a^6$
・$(ab)^3=a^3 b^3$

単項式の乗除

① 除法は逆数を使って乗法になおす。
② 乗法だけの計算では，**符号⇒係数⇒文字**の順に求める。係数や文字が約分できるときは約分する。

式の値

① **式の値**…文字に数を**代入**して計算した結果
② できるだけ式を簡単にしてから代入する。

等式の変形

① 指定された文字を左辺におく。
② **等式の性質**を用いて式を変形する。

やってみよう!入試問題

解答 p.3

目標時間 10 分

［　　　　］分

 1 次の計算をしなさい。

(1) $2(3x-y)-(4x-3y)$ 〔富山〕

(2) $(2x^2-5x)-(3x^2-2x)$ 〔青森〕

[　　　　　　　]　　　　　　　[　　　　　　　]

(3) $\dfrac{x-3y}{4}+\dfrac{-x+y}{6}$ 〔大分〕

(4) $3ab^2\times4a^2\div(-6ab)$ 〔奈良〕

[　　　　　　　] 　　　[　　　　　　　]

(5) $5a^2b^2\div10a^2b\times(-4b)$ 〔愛知〕

(6) $8a\times(-6ab^3)\div(-ab)^2$ 〔鹿児島〕

[　　　　　　　]　　　　　　　[　　　　　　　]

2 次の式の値を求めなさい。

(1) $x=\dfrac{4}{5}$, $y=-2$ のとき，$3(4x-y)-(2x-5y)$ の値 〔秋田〕

[　　　　　　　]

(2) $a=3$, $b=-2$ のとき，$16a^2b\div(-4a)$ の値 〔北海道〕

[　　　　　　　]

3 次の等式を〔　〕内の文字について解きなさい。

(1) $6a-3b=1$ 〔b〕 〔徳島〕

(2) $a=\dfrac{2b+c}{3}$ 〔c〕 〔宮城〕

[　　　　　　　]　　　　　　　[　　　　　　　]

 答えの符号に気をつけよう。

4 多項式

[月 日]

入試重要ポイント TOP3

多項式の計算	多項式÷単項式	因数分解
分配法則や乗法公式を用いて，式を展開する。	$(b+c)\div a$ $=(b+c)\times\dfrac{1}{a}$	共通因数をくくり出すか，乗法公式の逆を利用する。

1 多項式の計算

次の計算をしなさい。

(1) $(9a^2b-6ab^2)\div 3ab$ └分配法則を用いる
$$=\frac{9a^2b}{3ab}-\frac{6ab^2}{3ab}=\underline{3a-2b}$$

(2) $(x+3)(x-5)$ └乗法公式①
$$=x^2+(3\underline{-5})x+3\times(\underline{-5})$$
$$=x^2\underline{-2}x\underline{-15}$$

(3) $(a+2b)(a-2b)$ └乗法公式④
$$=a^2-(\underline{2b})^2$$
$$=\underline{a^2-4b^2}$$

(4) $(x+y-1)(x+y+1)$

$\underline{x+y=A}$ とおくと， └1つの文字におきかえる
$(A-1)(\underline{A+1})$
$$=A^2-1^2=\underline{(x+y)^2}-1$$ └もとにもどす
$$=\underline{x^2+2xy+y^2-1}$$

(5) $(a-3)^2+(a+7)(a-6)$ └乗法公式③
$$=a^2-6a+9+\underline{a^2+a-42}$$
$$=\underline{2a^2-5a-33}$$

(6) $(x+5)(x-5)-(x-4)(x+7)$
$$=x^2-25-\underline{(x^2+3x-28)}$$ └( )をつける
$$=x^2-25\underline{-x^2-3x+28}$$
$$=\underline{-3x+3}$$

2 因数分解

次の問いに答えなさい。

(1) 次の式を因数分解しなさい。

① $x^2-8x+12$
積が 12，和が $\underline{-8}$ になる
2数は -2 と $\underline{-6}$ だから，
$\underline{(x-2)(x-6)}$

② $y^2-10y+25$
$$=\underline{y^2-2\times5\times y+5^2}$$ └乗法公式③の逆
$$=\underline{(y-5)^2}$$

③ $16x^2-9y^2$
$$=(\underline{4x})^2-(\underline{3y})^2$$ └平方の差
$$=\underline{(4x+3y)(4x-3y)}$$

④ $(x-y)^2+4(x-y)+3$
$x-y=A$ とおくと，
$\underline{A^2+4A+3}$ └文字 A で因数分解
$$=(A\underline{+1})(A\underline{+3})$$
$$=\underline{(x-y+1)(x-y+3)}$$

(2) $x=27$，$y=23$ のとき，x^2-y^2 の値を求めなさい。
$$\underline{x^2-y^2}=(x+y)(x-y)=(27+\underline{23})\times(27-\underline{23})=50\times\underline{4}=\underline{200}$$ └因数分解してから代入する

やってみよう！入試問題

解答 p.3

1 次の計算をしなさい。

(1) $(48a^2-18ab)\div 6a$　　　　〔静岡〕　　(2) $(x+3)^2-x(x-9)$　　　　〔高知〕

[　　　　　　]　　　　　　[　　　　　　]

(3) $(a+2)^2+(a-1)(a-3)$　　〔和歌山〕　　(4) $(2x+1)(2x-1)+(x+2)(x-3)$　　〔愛媛〕

[　　　　　　]　　　　　　[　　　　　　]

 2 次の式を因数分解しなさい。

(1) $x^2-14x+49$　　　　〔鳥取〕　　(2) $2x^2+4x-48$　　　　〔京都〕

[　　　　　　]　　　　　　[　　　　　　]

(3) $(x+2)(x-6)-9$　　　　〔千葉〕　　(4) $(a+b)^2-16$　　　　〔兵庫〕

[　　　　　　]　　　　　　[　　　　　　]

(5) $(3x+1)^2-2(3x+25)$　　　　〔愛知〕　　(6) $(x+1)^2-2(x+1)-15$　　　　〔神奈川〕

[　　　　　　]　　　　　　[　　　　　　]

> 式の中の共通な部分を，1つの文字におきかえて考えよう。

5 平方根

入試重要ポイント TOP3

平方根	根号をふくむ加減	分母の有理化
2乗して a になる数を a の平方根という。$(\pm\sqrt{a})^2=a$	$\sqrt{}$ の部分が同じ加減は，同類項のように計算する。	$\dfrac{b}{\sqrt{a}}$ は分母と分子に $\sqrt{a}$ をかける。

1 平方根

次の問いに答えなさい。

(1) 次のア～エで，正しいものを記号で答えなさい。

　ア　5の平方根は $\sqrt{5}$ である。　　イ　$\sqrt{16}$ は ±4 に等しい。

　ウ　$\sqrt{(-7)^2}=7$ である。　　エ　$\sqrt{5}$ は4より大きい。

　　正しいのは，<u>ウ</u>

　　ア，イ，エを正しくなおすと，ア「5の平方根は <u>$\pm\sqrt{5}$</u> である。」
　　イ「$\sqrt{16}$ は <u>4</u> に等しい。」，エ「$\sqrt{5}$ は4より <u>小さい</u>。」

(2) $\sqrt{108n}$ が自然数となるような自然数 n のうち，最も小さい値を求めなさい。

　　108を<u>素因数</u>分解すると，$108=\underline{2^2\times3^3}=2^2\times3^2\times3=\underline{6^2\times3}$
　　　　　　　　　　　　　　　　　　　　　　　　└ $a^2\times b$ の形にする
　　よって，$n=\underline{3}$ とすると，

　　　$\sqrt{108\times\underline{3}}=\sqrt{\underline{6^2\times3^2}}=\underline{6\times3}=\underline{18}$

2 根号をふくむ式の計算

次の計算をしなさい。

(1) $\sqrt{5}\times\underset{\underset{\sqrt{5\times9}}{\llcorner}}{\sqrt{45}}$

　$=\sqrt{5}\times\underline{\sqrt{5}\times\sqrt{9}}=\underline{5}\times3$

　$=\underline{15}$

(2) $3\sqrt{5}+2\sqrt{3}-4\sqrt{5}+5\sqrt{3}$

　$=\underline{3\sqrt{5}-4\sqrt{5}}+\underline{2\sqrt{3}+5\sqrt{3}}$
　　　　　　　　　　　　└ $\sqrt{}$ の中が同じ数

　$=\underline{-\sqrt{5}+7\sqrt{3}}$

(3) $\dfrac{8}{\sqrt{2}}-2\sqrt{3}\times\sqrt{24}$
　　└ 分母の有理化をする

　$=\dfrac{8\times\sqrt{2}}{\sqrt{2}\times\sqrt{2}}-2\sqrt{3}\times\underline{2\sqrt{6}}$

　$=\dfrac{8\sqrt{2}}{2}-4\times3\times\underline{\sqrt{2}}$

　$=4\sqrt{2}-\underline{12\sqrt{2}}=\underline{-8\sqrt{2}}$

(4) $\underset{\underset{\text{乗法公式で展開}}{\llcorner}}{(\sqrt{7}+1)^2}-\dfrac{14}{\sqrt{7}}$

　$=\underset{\underset{(\sqrt{a})^2=a}{\llcorner}}{(\sqrt{7})^2}+2\sqrt{7}+1-\dfrac{14\sqrt{7}}{7}$

　$=\underline{7}+2\sqrt{7}+1-\underline{2\sqrt{7}}$

　$=\underline{8}$

(5) $(\sqrt{3}-\sqrt{2})^2-\underset{\underset{\text{展開してかっこをつける}}{\llcorner}}{(\sqrt{5}-\sqrt{2})(\sqrt{5}+\sqrt{2})}$

　$=3-\underline{2\sqrt{6}}+2-(\underline{5}-\underline{2})$

　$=\underline{5}-2\sqrt{6}-3=\underline{2-2\sqrt{6}}$

入試得点アップ

平方根

① a の平方根…2乗すると a になる数

② 正の数 a の平方根は2つある。正の方を $\sqrt{a}$，負の方を $-\sqrt{a}$ で表す。

③ $a>0$ のとき，$(\pm\sqrt{a})^2=a$，$\sqrt{a^2}=a$

④ 平方根の大小
　$0<a<b$ ならば，$\sqrt{a}<\sqrt{b}$

例 $4<5<9$ より，$\sqrt{4}<\sqrt{5}<\sqrt{9}$　$2<\sqrt{5}<3$

素因数分解

① 素数…1とその数のほかに約数がない数。1は素数ではない。

② 素因数分解…自然数を素因数の積の形で表すこと。

例 $60=2^2\times3\times5$

根号をふくむ式の計算

$a>0$，$b>0$ のとき，

① $\sqrt{a}\times\sqrt{b}=\sqrt{ab}$
　$\dfrac{\sqrt{a}}{\sqrt{b}}=\sqrt{\dfrac{a}{b}}$

② $a\sqrt{b}$ の形にする。
　$\sqrt{a^2b}=a\sqrt{b}$

③ $m\sqrt{a}+n\sqrt{a}=(m+n)\sqrt{a}$

④ 分母の有理化
　$\dfrac{b}{\sqrt{a}}=\dfrac{b\times\sqrt{a}}{\sqrt{a}\times\sqrt{a}}=\dfrac{b\sqrt{a}}{a}$

やってみよう!入試問題

解答 p.4

目標時間 10 分

□ 分

1 次の計算をしなさい。

(1) $\sqrt{50}+\sqrt{8}$ 〔兵庫〕

(2) $\sqrt{6}\times\sqrt{3}+\sqrt{6}\div\sqrt{3}$ 〔岐阜〕

[　　　　　]

[　　　　　]

(3) $\sqrt{27}+\dfrac{3}{\sqrt{3}}$ 〔福島〕

(4) $\sqrt{54}-4\sqrt{6}+\dfrac{12}{\sqrt{6}}$ 〔大阪〕

[　　　　　]

[　　　　　]

(5) $(\sqrt{3}+\sqrt{5})(3\sqrt{3}-\sqrt{5})$ 〔三重〕

(6) $\dfrac{9}{\sqrt{3}}+(\sqrt{3}-1)^2$ 〔愛媛〕

[　　　　　]

[　　　　　]

2 次の問いに答えなさい。

(1) 次の数の中から最も大きい数を選び,**ア**〜**エ**の記号で答えなさい。 〔鳥取〕

ア $\dfrac{2}{\sqrt{3}}$ 　　　**イ** $\dfrac{\sqrt{2}}{3}$ 　　　**ウ** $\sqrt{\dfrac{2}{3}}$ 　　　**エ** $\dfrac{2}{3}$

[　　　　　]

(2) $\sqrt{5}<\sqrt{a}<2\sqrt{2}$ にあてはまる自然数 a を,すべて求めなさい。 〔長野〕

[　　　　　]

(3) $\sqrt{10}$ の小数部分を a とするとき,$a(a+6)$ の値を求めなさい。 〔奈良〕

[　　　　　]

(4) $\dfrac{\sqrt{72n}}{7}$ が自然数となるような整数 n のうち,最も小さい値を求めなさい。 〔秋田〕

[　　　　　]

$3<\sqrt{10}<4$ より,$\sqrt{10}$ の整数部分は 3 である。

サクッ!と入試対策 ❶

解答 p.4

目標時間 10 分

□ 分

1 次の計算をしなさい。

(1) $-10-(-7)$ 〔宮崎〕

(2) $-5+(-3)^2\times2$ 〔宮城〕

[　　　　　]　　　　　　　　　[　　　　　]

(3) $(\sqrt{8}+\sqrt{2})(\sqrt{32}-\sqrt{8})$ 〔愛知〕

(4) $\sqrt{48}+\dfrac{9}{\sqrt{3}}$ 〔東京〕

[　　　　　]　　　　　　　　　[　　　　　]

(5) $(-2x)^2\div3xy\times(-6x^2y)$ 〔秋田〕

(6) $(x+3)(x-3)-(x-4)^2$ 〔高知〕

[　　　　　]　　　　　　　　　[　　　　　]

2 次の式を因数分解しなさい。

(1) $2xy^2-18x$ 〔香川〕

(2) $(x-5)^2-7(x-5)+12$ 〔神奈川〕

[　　　　　]　　　　　　　　　[　　　　　]

3 次の問いに答えなさい。

(1) ある生徒の 3 教科のテストのそれぞれの点数が 70 点，80 点，a 点で，その平均点は b 点でした。このとき，a を，b を用いた式で表しなさい。 〔秋田〕

[　　　　　]

 (2) $x=\dfrac{5}{2}$，$y=\dfrac{3}{2}$ のとき，$x^2-10xy+25y^2$ の値を求めなさい。求め方も書くこと。 〔山形〕

[

 (3) $\sqrt{51-7a}$ が自然数となるような自然数 a のうち，最も小さい数を求めなさい。 〔香川〕

[　　　　　]

 下の 間違えやすい を見よう!

間違えやすい 自然数 a で，$51-7a>0$ つまり，$51>7a$ から a の値を考えよう。

サクッ!と入試対策 ❷

解答 p.5

目標時間 10 分
　　　　分

1 次の計算をしなさい。

(1) $\left(\dfrac{1}{4}-\dfrac{1}{3}\right)\times 12$　〔香川〕　(2) $\sqrt{6}\,(\sqrt{3}-4)+\sqrt{24}$　〔山形〕

[　　　　　]　　　　　　　　　　[　　　　　]

(3) $5x^2y\div(-4xy)\times 8y$　〔富山〕　(4) $(7a-4b)+\dfrac{1}{2}(2b-6a)$　〔千葉〕

[　　　　　]　　　　　　　　　　[　　　　　]

2 次の問いに答えなさい。

(1) 500 円で，1 本 a 円の鉛筆 3 本と 1 冊 b 円のノート 2 冊を買うと，おつりがもらえました。このときの数量の関係を表した不等式として適当でないものを，次の**ア～エ**から 1 つ選びなさい。　〔京都〕

ア　$3a+2b<500$　　　　　　　**イ**　$500-3a>2b$

ウ　$500-(3a+2b)>0$　　　　**エ**　$500-2b<3a$

[　　　　　]

(2) $3x^2y-6xy-24y$ を因数分解しなさい。途中の計算式も書くこと。　〔山形〕

[

(3) $a=2+\sqrt{6}$, $b=2-\sqrt{6}$ のとき，式 a^2-b^2 の値を求めなさい。　〔滋賀〕

[　　　　　]

(4) $\dfrac{n}{15}$ と $\sqrt{3n}$ がともに整数となるような最も小さい自然数 n の値を求めなさい。　〔鹿児島〕

[　　　　　]

> 間違え
> やすい　直接代入すると計算を間違えやすい。式を因数分解してみよう。

入試重要ポイント TOP3

方程式の解き方①	方程式の解き方②	方程式の利用
x の項を左辺に，数の項を右辺に移項する。	x の係数に小数や分数があれば整数になおす。	問題の中の数量に着目し，等しい関係を方程式にする。

方程式／1年

6 1次方程式

1 1次方程式の解き方

次の1次方程式を解きなさい。

(1) $3x+10=x+2$

$$3x-x=2-10 \quad \text{移項}$$
$$2x=-8 \quad \text{両辺を2でわる}$$
$$x=\frac{8}{-2}$$
$$x=-4$$

(2) $0.9-0.2x=0.4x+1.5$

両辺を $\underline{10}$ 倍して係数を整数になおす。

$$9-2x=\underline{4x+15}$$
$$-2x-4x=\underline{15-9}$$
$$-6x=6 \quad \text{両辺を} -6 \text{でわる}$$
$$x=\underline{-1}$$

(3) $\dfrac{x+1}{2}+\dfrac{x}{3}=2$

両辺を $\underline{6}$ 倍して分母をはらう。

$$\underline{6}\left(\frac{x+1}{2}+\frac{x}{3}\right)=2\times6 \quad \text{右辺にも6をかける}$$
$$3(x+1)+2x=\underline{12}$$
$$3x+\underline{3}+2x=12$$
$$\underline{5}x=12-\underline{3}$$
$$x=\frac{9}{5}$$

(4) $9:(x-2)=3:2$

比例式の性質を使って，

$$9\times\underline{2}=(x-2)\times\underline{3}$$
$$3(\underline{x-2})=18$$
$$\underline{3x-6}=18$$
$$3x=\underline{24}$$
$$x=\underline{8}$$

2 1次方程式の利用

折り紙を何人かの子どもに配ります。1人に4枚ずつ配ると11枚たりません。また，1人に3枚ずつ配ると13枚余ります。このとき，折り紙の枚数を求めなさい。

子どもの人数を x 人とすると，折り紙の枚数を考えて，

$$4x-11=3x+13$$

これを解いて，$x=\underline{24}$

よって，子どもの人数は $\underline{24}$ 人で，折り紙の枚数は，

$$4\times24-11=85\,(枚)$$

$3\times24+13$ でもよい

入試得点アップ

1次方程式の解き方

① 移項…等式の一方の辺にある項を，その項の符号を変えて他方の辺に移すこと。

② 1次方程式の解き方
⑦ 係数は整数になおす。
小数⇒両辺を10倍，100倍…する。
分数⇒両辺に分母の最小公倍数をかけて，分母をはらう。

④ x をふくむ項は左辺に，数の項は右辺に移項する。

⑦ $ax=b$ の形にする。

⑤ 両辺を a でわって，$x=\dfrac{b}{a}$

比例式の解き方

比例式の性質
$a:b=c:d$ ならば，
$ad=bc$ を用いて解く。

1次方程式の利用

① 何を x にするか決める。
② x を用いて方程式をつくる。
③ 1次方程式を解く。
④ 解が問題に適しているかを調べる。

やってみよう!入試問題

解答 p.6

　目標時間 10 分

□□ 分

 1 次の 1 次方程式を解きなさい。

(1) $x-1=3x+3$ 〔熊本〕

(2) $3x-24=2(4x+3)$ 〔福岡〕

[　　　　　]

[　　　　　]

(3) $x+3.5=0.5(3x-1)$ 〔千葉〕

(4) $\dfrac{4}{5}x+3=\dfrac{1}{2}x$ 〔秋田〕

[　　　　　]

[　　　　　]

(5) $\dfrac{x-4}{3}+\dfrac{7-x}{2}=5$ 〔和歌山〕

(6) $2:5=3:(x+4)$ 〔香川〕

[　　　　　]

[　　　　　]

2 一の位の数が 3 である 2 けたの自然数があります。この数は，十の位の数と一の位の数を入れかえてできる数の 2 倍から 1 をひいた数に等しくなります。このとき，2 けたの自然数を求めなさい。 〔茨城〕

[　　　　　]

 3 ある本を，はじめの日に全体のページ数の $\dfrac{1}{4}$ を読み，次の日に残ったページ数の半分を読んだところ，まだ 102 ページ残っていました。この本の全体のページ数は何ページか，求めなさい。 〔愛知〕

[　　　　　]

ココ注意! 全体のページ数＝$\left($全体のページ数の $\dfrac{1}{4}\right)$＋$\left($残ったページ数の $\dfrac{1}{2}\right)$＋102

7 連立方程式

[月 日]

入試重要ポイント TOP3

加減法	代入法	連立方程式の利用
一方の文字の係数をそろえ，加減してその文字を消去	一方の式を他方の式に代入して，一方の文字を消去	数量の間の関係を見つけ，2つの方程式をつくる。

1 加減法と代入法

次の連立方程式を解きなさい。

(1) $\begin{cases} 5x+3y=-1 & \cdots① \\ 2x-y=4 & \cdots② \end{cases}$

$①+②×3$
└ y の係数の絶対値をそろえる

$\begin{array}{r} 5x+3y=-1 \\ +)\ 6x-3y=\ 12 \\ \hline 11x\ \ \ \ \ =\ 11 \quad x=\underline{1} \end{array}$

①に $x=1$ を代入して，

$5×\underline{1}+3y=-1$

$3y=\underline{-6} \quad y=\underline{-2}, \quad x=\underline{1}$

(2) $\begin{cases} 3x-y=8 & \cdots① \\ x=2y+1 & \cdots② \end{cases}$

②を①に**代入**して，
└代入法を用いて，x を消去する

$3(\underline{2y+1})-y=8$

$6y+3-y=8$

$5y=\underline{5} \quad y=\underline{1}$

②に $y=1$ を代入して，

$x=2×\underline{1}+1 \quad x=\underline{3}, \quad y=\underline{1}$

(3) $\begin{cases} 4x+\dfrac{y}{3}=1 & \cdots① \\ 0.4x+0.1y=-1.3 & \cdots② \end{cases}$

①を 3 倍，②を 10 倍して
└分母をはらう
係数を整数になおす。

$\begin{array}{l} ①×3 \quad\quad 12x+y=\ \ \ \ 3 \ \cdots①' \\ ②×10\ \underline{-)\ \ \ 4x+y=-13} \ \cdots②' \\ \quad\quad\quad\quad\quad 8x\ \ \ \ \ =\ \ 16 \quad x=\underline{2} \end{array}$

②'に $x=2$ を代入して，

$4×\underline{2}+y=-13 \quad y=-13-8$

$y=\underline{-21}, \quad x=\underline{2}$

2 連立方程式の利用

Aさんが，自動車で自分の家から $180\,km$ 離れたB地へ行くのに，一般道と高速道路を利用して 3 時間かかりました。一般道では時速 $40\,km$，高速道路では時速 $80\,km$ で走ったとします。このとき，高速道路を走った距離を求めなさい。

一般道を $x\,km$，高速道路を $y\,km$ 走ったとすると，走った距離とかかった<u>時間</u>から，
└時間＝$\frac{距離}{速さ}$

180 km
家 ├ $x\,km$ ┼ $y\,km$ ┤ B
時速 40km　時速 80km

$\begin{cases} x+y=\underline{180} & \cdots① \\ \dfrac{x}{40}+\dfrac{y}{80}=3 & \cdots② \end{cases}$ これを解いて，$x=\underline{60}, \quad y=\underline{120}$

よって，高速道路は $\underline{120}\,km$

入試得点アップ

連立方程式の解き方

① **加減法**…どちらか1つの文字の係数の絶対値をそろえて2つの式を加減することで，文字を消去する。

② **代入法**…$x=□$ か $y=□$ の式を他方の式に代入して，一方の文字を消去する。

③ **いろいろな連立方程式の解き方**

㋐ かっこがあれば，かっこをはずして整理する。

㋑ 分数があれば，両辺に分母の最小公倍数をかけて整数にする。

㋒ 小数があれば，両辺を10倍，100倍，…して整数にする。

$A=B=C$ の連立方程式

$\begin{cases} A=B \\ A=C \end{cases}$ $\begin{cases} A=B \\ B=C \end{cases}$ $\begin{cases} A=C \\ B=C \end{cases}$

のいずれかの形になおして解く。

連立方程式の利用

① 何を x，y にするか決める。

② x，y を用いて連立方程式をつくる。

③ 連立方程式を解く。

④ 解が問題に適しているかを調べる。

やってみよう!入試問題

目標時間10分

□分

解答 p.6

 1 次の連立方程式を解きなさい。

(1) $\begin{cases} 4x-3y=-2 \\ 3x+y=5 \end{cases}$ 〔新潟〕 (2) $\begin{cases} y=3x+8 \\ 4x+3y=11 \end{cases}$ 〔秋田〕

$\left[\right]$ $\left[\right]$

(3) $\begin{cases} 3x+4y=5 \\ x=1-y \end{cases}$ 〔福島〕 (4) $\begin{cases} x+2y=-5 \\ 0.2x-0.15y=0.1 \end{cases}$ 〔滋賀〕

$\left[\right]$ $\left[\right]$

(5) $\begin{cases} 0.2x+0.3y=1 \\ \dfrac{1}{2}x-\dfrac{2x-y}{5}=-1 \end{cases}$ 〔明治学院高〕 (6) $2x-y=3x+2y=7$ 〔宮城〕

$\left[\right]$ $\left[\right]$

2 1個 200 円のケーキと 1 個 130 円のシュークリームをあわせて 14 個買ったところ,代金の合計が 2380 円になりました。 〔富山〕

(1) 買ったケーキの個数を x 個,シュークリームの個数を y 個として,連立方程式をつくりなさい。

$\left[\right]$

(2) 買ったケーキとシュークリームの個数をそれぞれ求めなさい。

ケーキ $\left[\right]$ シュークリーム $\left[\right]$

 下の式の係数を整数にするとき,右辺にもかけることを忘れないようにしよう。

2次方程式

入試重要ポイント TOP3

2次方程式の解き方	解の公式	2次方程式の利用
平方根の考えや因数分解，解の公式を利用する。	2次方程式 $ax^2+bx+c=0$ の解は，$x=\dfrac{-b\pm\sqrt{b^2-4ac}}{2a}$	方程式の解が問題の条件にあっているか確かめる。

1　2次方程式の解き方

次の2次方程式を解きなさい。

(1) $(x-5)^2=8$

　　平方根の考えを使って，

　　$x-5=\pm 2\sqrt{2}$

　　　$x=5\pm 2\sqrt{2}$

(2) $x^2+6x-16=0$

　　左辺を因数分解して，

　　$(x+8)(x-2)=0$
　　　└ $AB=0$ ならば $A=0$ または $B=0$

　　　　　$x=-8,\ 2$

(3) $x^2+10x+25=0$

　　　$(x+5)^2=0$

　　　　$x+5=0$

　　　　　$x=-5$
　　　　　　└解は1つ

(4) $x^2+7x-1=0$
　　└ $a=1,\ b=7,\ c=-1$
　　解の公式より，

　　$x=\dfrac{-7\pm\sqrt{7^2-4\times1\times(-1)}}{2\times1}$

　　　$=\dfrac{-7\pm\sqrt{53}}{2}$

(5) $2x^2-3x+1=0$
　　└ $a=2,\ b=-3,\ c=1$
　　解の公式より，

　　$x=\dfrac{-(-3)\pm\sqrt{(-3)^2-4\times2\times1}}{2\times2}$

　　　$=\dfrac{3\pm\sqrt{9-8}}{4}$

　　　$=\dfrac{3\pm1}{4}=1,\ \dfrac{1}{2}$
　　　　└ $\frac{3+1}{4}=1,\ \frac{3-1}{4}=\frac{1}{2}$

(6) $(x-1)(x+2)=5(x-1)$
　　　　　　　　　　└左辺に移項

　　$x^2+x-2-5x+5=0$
　　　　└ $ax^2+bx+c=0$ の形にする
　　　$x^2-4x+3=0$

　　　$(x-1)(x-3)=0$

　　　　　　　$x=1,\ 3$

2　2次方程式と解

2次方程式 $x^2+ax-12=0$ の解の1つが -2 であるとき，a の値を求め，もう1つの解も求めなさい。

　　$x^2+ax-12=0$ に $x=-2$ を代入して，

　　$(-2)^2+a\times(-2)-12=0$　　$4-2a-12=0$　　$-2a=8$　　$a=-4$
　　　　　　　　　　　　　　　└ a の1次方程式

　　$a=-4$ をもとの方程式に代入して，$x^2-4x-12=0$

　　$(x-6)(x+2)=0$　　$x=6,\ -2$

　　よって，もう1つの解は，$x=6$

入試得点アップ

2次方程式の解き方

① 平方根の考えによる解き方
$x^2=a\Rightarrow x=\pm\sqrt{a}$
$(x+p)^2=a$
$\Rightarrow x+p=\pm\sqrt{a}$
$\Rightarrow x=-p\pm\sqrt{a}$

② 因数分解による解き方
$ax^2+bx+c=0$ の形にして，左辺を因数分解する。
$(x-p)(x-q)=0$
$\Rightarrow x=p,\ q$

③ 解の公式による解き方
$ax^2+bx+c=0\Rightarrow$
$x=\dfrac{-b\pm\sqrt{b^2-4ac}}{2a}$

2次方程式の解と係数

① 方程式の解が1つわかっているとき，その解をもとの方程式に代入する。

② 係数に文字があるとき，①よりその文字について解く。

2次方程式の利用

① 何を x にするか決める。

② x を用いて2次方程式をつくる。

③ 2次方程式を解く。

④ 解が問題に適しているか調べる。

やってみよう!入試問題

解答 p.7

 1 次の 2 次方程式を解きなさい。

(1) $(x-2)^2=6$ 〔京都〕　(2) $(x+3)^2-16=0$ 〔山口〕

[　　　　　]　　　　　　　　　　　[　　　　　]

(3) $x^2+5x-6=0$ 〔東京〕　(4) $x^2-12x+36=0$ 〔奈良〕

[　　　　　]　　　　　　　　　　　[　　　　　]

(5) $x^2+x-1=0$ 〔岡山〕　(6) $x(x+6)=5(2x+1)$ 〔福岡〕

[　　　　　]　　　　　　　　　　　[　　　　　]

2 次の問いに答えなさい。

(1) 2 次方程式 $x^2-x+a=0$ の解の 1 つが 3 のとき，a の値を求めなさい。 〔石川〕

[　　　　　]

(2) x についての 2 次方程式 $(x+1)(x-2)=a$ （a は定数）の解の 1 つが 4 であるとき，次の問いに答えなさい。 〔熊本〕

① a の値を求めなさい。

[　　　　　]

② この方程式のもう 1 つの解を求めなさい。

[　　　　　]

 必ず $ax^2+bx+c=0$ の形にしてから左辺を因数分解しよう。

サクッ!と入試対策 ❸

解答 p.8

1 次の方程式を解きなさい。

(1) $x+6=2(x+1)$　　　　　〔東京〕　(2) $\begin{cases} x+y=3 \\ y=3x-5 \end{cases}$　　　　〔沖縄〕

[　　　　　]　　　　　　[　　　　　]

2 横の長さが縦の長さの2倍である長方形があります。この長方形のまわりの長さが54 cm のとき，縦の長さは何 cm ですか。　　　　〔沖縄〕

[　　　　　]

 3 2けたの正の整数があり，十の位の数と一の位の数の和は12です。また，十の位の数と一の位を入れかえてできる整数は，もとの整数より18小さくなります。このとき，もとの整数を求めなさい。　　　　〔千葉〕

[　　　　　]

 4 ある中学校の昨年度の生徒数は，男女あわせて380人でした。今年の生徒数は，昨年度と比べて男子が5 %，女子が3 % それぞれ増え，全体では15人増えました。昨年度の男子と女子の生徒数をそれぞれ求めなさい。ただし，昨年度の男子の生徒数を x 人，女子の生徒数を y 人として，その方程式と計算過程も書きなさい。　　　　〔鹿児島〕

 5 方程式 $x^2+ax+8=0$ の解の1つが4のとき，a の値を求めなさい。また，もう1つの解も求めなさい。計算の過程も書きなさい。　　　　〔秋田〕

> 十の位の数 x と一の位の数 y を入れかえてできる整数は $10y+x$ である。

サクッ!と入試対策 ❹

解答 p.8

目標時間 10 分

□ 分

1 次の方程式を解きなさい。

(1) $(x-4):3=x:5$ 〔青森〕 (2) $x^2-2x=3(x-1)$ 〔千葉〕

[   ]   [   ]

2

x, y についての連立方程式 $\begin{cases} 2ax+by=-4 \\ ax-by=-5 \end{cases}$ の解が，$(x, y)=(-1, 2)$ であるとき，a, b の値を求めなさい。 〔徳島〕

[   ]

3

右の図のように，AB＝20 cm，BC＝30 cm の長方形 ABCD が あります。点 P，Q はそれぞれ頂点 C，D を同時に出発し，P は 毎秒 2 cm の速さで辺 CD 上を D まで，Q は毎秒 3 cm の速さで 辺 DA 上を A まで，矢印の方向に移動します。△PDQ の面積が 48 cm² になるのは，点 P，Q がそれぞれ頂点 C，D を同時に出発 してから，何秒後と何秒後ですか。出発してからの時間を x 秒として方程式をつくり，求め なさい。ただし，$0<x<10$ とします。 〔北海道〕

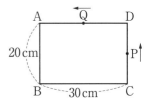

[   ]

4

連続する 2 つの自然数があり，それぞれ 2 乗した数の和が 113 になるとき，小さいほうの自 然数を求めなさい。 〔神奈川〕

[   ]

間違え やすい x 秒後に CP＝$2x$ cm となるから，DP＝$(20-2x)$ cm

入試重要ポイント TOP3

点の座標の表し方	比例の式とグラフ	反比例の式とグラフ
点Pの座標 P(3, 5) x座標　y座標	比例 $y=ax$ のグラフは，原点と $(1, a)$ を通る直線	反比例 $y=\dfrac{a}{x}$ のグラフは原点について対称な双曲線

9 関数／1年
比例・反比例

1 比例・反比例の式

次の問いに答えなさい。

(1) y は x に比例し，$x=2$ のとき $y=-4$ である。$x=-3$ のとき，y の値を求めなさい。

比例の式 $\underline{y=ax}$ に，$x=2$，$y=-4$ を代入して，$\underline{-4=a\times2}$
（a は比例定数）　　　　　　　　　　　　　　　（a の値を求める）

$2a=-4$　$a=\underline{-2}$　よって，$y=\underline{-2x}$

$x=-3$ を代入して，$y=-2\times(\underline{-3})=\underline{6}$

(2) y は x に反比例し，$x=6$ のとき $y=-3$ である。このとき，y を x の式で表しなさい。

反比例の式 $\underline{y=\dfrac{a}{x}}$ に，$x=6$，$y=-3$ を代入して，$-3=\dfrac{a}{6}$
（a は比例定数）　　　　　　　　　　　　　　　（a の値を求める）

$a=6\times(\underline{-3})=\underline{-18}$　よって，$y=-\dfrac{18}{x}$

2 比例・反比例のグラフ

右の図のように，点 A(2, 3) を通る比例 $y=ax$ …① と反比例 $y=\dfrac{b}{x}$ …② のグラフがあります。また，②のグラフ上に x 座標が -4 となる点Bがあります。

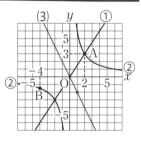

(1) ①，②のグラフの式をそれぞれ求めなさい。

①，②の式に，$x=2$，$y=3$ を代入して，$3=2a$　$a=\dfrac{3}{2}$，
（点 A はどちらのグラフ上にもある）

$3=\dfrac{b}{2}$　$b=\underline{6}$　よって，①は $y=\dfrac{3}{2}x$　②は $y=\dfrac{6}{x}$

(2) 点Bの y 座標を求めなさい。

②の式 $y=\dfrac{6}{x}$ に，$x=-4$ を代入して，$y=\dfrac{6}{-4}=-\dfrac{3}{2}$
（②のグラフ上に点Bがある）

(3) 図に，$y=-2x$ のグラフをかきなさい。

原点Oと点 $(1, -2)$ を通る直線をひく。
（直線は2点で決まる）

座標軸と点の座標

比例の式とグラフ

① y が x に**比例**する
　⇔ $y=ax$
　　（a は**比例定数**）

② x の値が2倍，3倍，…になれば，y の値も2倍，3倍，…になる。

③ $y=ax$ のグラフは，原点を通る直線である。

反比例の式とグラフ

① y が x に**反比例**する
　⇔ $y=\dfrac{a}{x}$
　　（a は**比例定数**）

② x の値が2倍，3倍，…になると，y の値は $\dfrac{1}{2}$ 倍，$\dfrac{1}{3}$ 倍，…になる。

③ $y=\dfrac{a}{x}$ のグラフは，原点について対称な**双曲線**である。

やってみよう!入試問題

解答 p.9

［　　月　　日］

目標時間 10 分

　　　　　分

1 次の問いに答えなさい。

(1) y は x に比例し，$x=3$ のとき $y=-6$ となります。$x=-5$ のとき，y の値を求めなさい。　〔北海道〕

[　　　　　　]

(2) y は x に反比例し，$x=2$ のとき $y=-14$ です。$x=-7$ のときの y の値を求めなさい。　〔福岡〕

[　　　　　　]

(3) 右の表で，y が x に比例するとき，□ にあてはまる数を求めなさい。　〔青森〕

x		-3	0
y	5	2	0

[　　　　　　]

(4) 右の表は，y が x に反比例する関係を表しています。y を x の式で表しなさい。　〔栃木〕

x	$\cdots$	-1	0	1	2	3	$\cdots$
y	$\cdots$	-12	×	12	6	4	$\cdots$

[　　　　　　]

2 $y=\dfrac{12}{x}$ のグラフ上に点 A$(1, 12)$ と点Bがあり，点Bの x 座標は 6 です。　〔沖縄－改〕

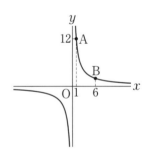

(1) 点Bの y 座標を求めなさい。　[　　　　　　]

(2) 直線 OB の式を求めなさい。　[　　　　　　]

(3) △OAB の面積を求めなさい。ただし，座標の1目もりは1cm とします。

[　　　　　　]

(4) 曲線 $y=\dfrac{12}{x}$ 上の点で，x 座標，y 座標の値がともに整数である点はいくつあるか答えなさい。

[　　　　　　]

 △OAB をふくむ長方形の面積からまわりの直角三角形の面積をひいて求めよう。

10 1次関数 (1)

入試重要ポイント TOP3　　[　月　　日]

変化の割合	1次関数のグラフ	直線の式の求め方
1次関数 $y=ax+b$ の変化の割合は一定で a に等しい。	$y=ax+b$ のグラフは傾き a，切片 b の直線である。	式を $y=ax+b$ とおいて，座標を代入し，a，b の値を求める。

1　1次関数と変化の割合

1次関数 $y=-2x+3$ の変化の割合を求めなさい。また，x の増加量が4のときの y の増加量を求めなさい。

　　1次関数 $y=-2x+3$ の変化の割合は，x の係数 $\underline{-2}$

　　また，y の増加量＝変化の割合×x の増加量＝$(\underline{-2})×4=\underline{-8}$

2　1次関数のグラフ

1次関数 $y=\dfrac{2}{3}x-1$ について，

(1) グラフの傾きと切片を求めなさい。
　　└ $y=ax+b$ で傾き a，切片 b

　　傾き…$\underline{\dfrac{2}{3}}$　　　切片…$\underline{-1}$

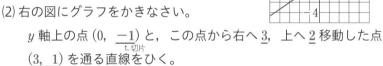

(2) 右の図にグラフをかきなさい。

　　y 軸上の点 $(0, \underline{-1})$ と，この点から右へ $\underline{3}$，上へ $\underline{2}$ 移動した点
　　　　　　　　　└切片
　　$(\underline{3, 1})$ を通る直線をひく。

(3) x の変域が $-3 \leqq x \leqq 3$ のとき，y の変域を求めなさい。

　　$x=-3$ のとき $y=\underline{-3}$，$x=3$ のとき $y=\underline{1}$ より，$\underline{-3 \leqq y \leqq 1}$

3　1次関数の式の求め方

次の条件をみたす1次関数の式を求めなさい。

(1) グラフが直線 $y=2x-3$ に平行で，点 $(0, 4)$ を通る。

　　グラフが平行だから，傾きが $\underline{2}$，点 $(0, 4)$ を通るから切片は $\underline{4}$
　　└平行な2直線の傾きは等しい
　　よって，1次関数の式は，$y=\underline{2x+4}$

(2) グラフが2点 $(2, 3)$，$(6, 11)$ を通る直線

　　$y=ax+b$ に2点の座標を代入する。
　　└直線の式
　　$x=2$，$y=3$ を代入して，$\underline{3=2a+b}$ …①

　　$x=6$，$y=11$ を代入して，$\underline{11=6a+b}$ …②

　　①，②より，$a=\underline{2}$，$b=\underline{-1}$

　　よって，$y=\underline{2x-1}$

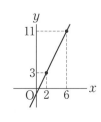

入試得点アップ

1次関数とグラフ

① y が x の1次関数
　⇔ $y=ax+b$
　　　（a，b は定数）

② 変化の割合
　$=\dfrac{y \text{ の増加量}}{x \text{ の増加量}}$
　1次関数 $y=ax+b$ の変化の割合は一定で，x の係数 a に等しい。

③ 1次関数 $y=ax+b$ のグラフは，傾き a，切片 b の直線である。

　　（$a>0$）
　　　右上がり

　　（$a<0$）
　　　右下がり

④ 1次関数の変域
　⇒ 対応表やグラフをかいて求める。

⑤ 平行な2直線の傾きは等しい。

1次関数・直線の式

式を $y=ax+b$ とおいて，a，b を求める。

① 1点を通り，傾き a の直線 ⇒ $y=ax+b$ に点の座標を代入して，b の値を求める。

② 2点を通る直線
　⇒ $y=ax+b$ に2点の座標を代入して，a，b の連立方程式を解く。

やってみよう!入試問題

解答 p.10

1 次の問いに答えなさい。

(1) 右の直線は,ある1次関数のグラフです。この関数の式を求めなさい。　〔佐賀〕

[　　　　　　　]

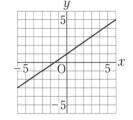

(2) 1次関数 $y=\dfrac{5}{6}x+1$ のグラフを右の図にかきなさい。　〔京都〕

(3) 1次関数 $y=-\dfrac{1}{5}x+1$ について,x の変域が $-5\leqq x\leqq 10$ のとき,y の変域を求めなさい。　〔福島〕

[　　　　　　　]

2 次の問いに答えなさい。

(1) 1次関数 $y=\dfrac{5}{3}x+2$ について,x の増加量が 6 のときの y の増加量を求めなさい。

〔鹿児島〕

[　　　　　　　]

(2) x の増加量が 2 のときの y の増加量が -1 で,$x=0$ のとき $y=1$ である1次関数の式を求めなさい。　〔徳島〕

[　　　　　　　]

3 右の図で,O は原点,点 A,B の座標はそれぞれ $(3,\ 4)$,$(6,\ 2)$ です。

〔愛知〕

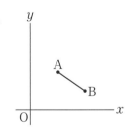

(1) 直線 AB の式を求めなさい。

[　　　　　　　]

(2) 直線 $y=x+b$（b は定数）が線分 AB 上を通るとき,b がとることのできる値の範囲を求めなさい。

[　　　　　　　]

b は傾き 1 の直線の切片だから,直線と y 軸との交点である。グラフで考えよう。

11 1次関数 (2)

入試重要ポイント TOP3

2元1次方程式	連立方程式の解	1次関数の利用
2元1次方程式 $ax+by=c$ のグラフは直線である。	$\begin{cases} ax+by=c & \cdots① \\ a'x+b'y=c' & \cdots② \end{cases}$ の解は直線①②の交点	グラフをかいて考えると，わかりやすくなる問題がある。

1 連立方程式とグラフ

2直線 $\ell : y=2x+4$ と $m : x+y=7$ が点Aで交わっています。x軸と直線 ℓ，m の交点をそれぞれ B，C とします。

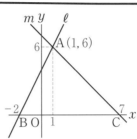

(1) 点Aの座標を求めなさい。

　　点Aの座標は，<u>連立方程式</u>

　　$\begin{cases} y=2x+4 & \cdots① \\ x+y=7 & \cdots② \end{cases}$ を解いて求められる。

　　①，②より，$x=\underline{1}$，$y=\underline{6}$　よって，A$(\underline{1}, \underline{6})$

(2) △ABC の面積を求めなさい。

　　点Bの座標は，ℓ の式に <u>$y=0$ を代入</u>して，$x=\underline{-2}$ より，
　　　　　　　　　　　　　　　　　　└ $0=2x+4$

　　B$(\underline{-2}, 0)$　同様に C$(\underline{7}, 0)$　よって，BC$=\underline{7-(-2)}=\underline{9}$，点
　　　　　　　　　　　　　　　　　　　└ 点C，Bのx座標の差

　　A の y 座標は $\underline{6}$ だから，$\triangle ABC = \dfrac{1}{2} \times \underline{9} \times \underline{6} = \underline{27}$
　　　　　　　　　　　　　　　　　　　　└底辺┘　└高さ┘

2 1次関数のグラフの利用

のぞみさんは，10時に家を出発し，自転車で10km離れた公園まで行きました。右のグラフは，そのときのようすを途中まで表したものです。家から4kmのところで10分間休み，その後一定の速さで走り，10時50分に公園に着きました。

(km)
公園10
5
4
家 0
10 20 30 40 50(分)

(1) このことをグラフにかき入れなさい。

　　点 $\underline{(20, 4)}$，$\underline{(30, 4)}$，$\underline{(50, 10)}$ を直線で結ぶ。
　　　　　└グラフはx軸に平行┘　└10時50分

(2) 休んだ後，公園まで時速何kmで走りましたか。

　　グラフから，10時30分から50分までの20分間 $\left(\dfrac{1}{3}\ \text{時間}\right)$ で

　　$10-4=\underline{6}$ (km) 進むので，時速は $6 \div \dfrac{1}{3} = \underline{18}$ (km)

入試得点アップ

2元1次方程式

① $ax+by=c$ の形の方程式を**2元1次方程式**という。

② 2元1次方程式のグラフは，直線である。

　$ax+by=c$

　$\Leftrightarrow y=-\dfrac{a}{b}x+\dfrac{c}{b}$

　…1次関数

　$y=k$…x軸に平行

　$x=h$…y軸に平行

例 $x=2$，$y=3$ のグラフ

連立方程式の解とグラフ

連立方程式

$\begin{cases} ax+by=c & \cdots① \\ a'x+b'y=c' & \cdots② \end{cases}$

の解 $x=p$，$y=q$ は，2直線①，②の**交点の座標**である。

1次関数のグラフの利用

出発してからの時間と進んだ道のりの関係を表したグラフをかくと，一定の速さで動く場合は**1次関数**になる。このときの直線の傾きは**速さ**を表している。

やってみよう!入試問題

解答 p.11

1 次の問いに答えなさい。

(1) 方程式 $4x+2y=5$ のグラフは直線です。この直線の傾きを求めなさい。 〔栃木〕

[　　　　　]

(2) 方程式 $2x+3y+6=0$ のグラフをかきなさい。 〔京都〕

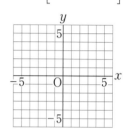

(3) 2 直線 $y=\dfrac{2}{3}x+\dfrac{4}{3}$ と $y=-\dfrac{1}{2}x-\dfrac{5}{12}$ の交点の座標を求めなさい。 〔法政大女子高〕

[　　　　　]

 2 右の図のように,AB＝6 cm,BC＝15 cm の長方形 ABCD があります。P は点 A を出発して,一定の速さで辺 AD 上を 1 往復して止まり,点 Q は点 B を出発して,一定の速さで辺 BC 上を 1 往復して止まります。右のグラフは,点 P,Q が同時に出発して,それぞれの点が 1 往復して止まるまでの時間 (秒) と線分 AP,BQ の長さ (cm) との関係を表したものです。 〔埼玉〕

(1) 点 P が点 D に向かっているとき,点 A を出発してから x 秒後の線分 AP の長さを,x を用いて表しなさい。

[　　　　　]

 (2) 四角形 ABQP の面積が,長方形 ABCD の面積の $\dfrac{1}{2}$ になるときは 2 回あります。それは点 P,Q が同時に出発してから何秒後と何秒後か求めなさい。

[　　　　　]

ココ注意! 四角形 ABQP は高さ 6 cm の台形だから,AP＋BQ＝15 cm となればよい。

12 関数 $y=ax^2$ (1)

入試重要ポイント TOP3

$y=ax^2$ のグラフ	$y=ax^2$ の変域	変化の割合
$y=ax^2$ のグラフは y 軸について対称な放物線	x の変域に 0 がふくまれているかをみる。	$y=ax^2$ の変化の割合は一定でない。

1 関数 $y=ax^2$ とそのグラフ

次の問いに答えなさい。

(1) y は x の 2 乗に比例し，$x=-2$ のとき，$y=8$ です。y を x の式で表しなさい。また，$x=4$ のときの y の値を求めなさい。

$y=\underline{ax^2}$ に，$x=-2$，$y=8$ を代入して，$\underline{8}=a\times(\underline{-2})^2$　$a=\underline{2}$
└ a は比例定数

これより，$y=\underline{2x^2}$　$x=4$ のとき $y=\underline{2\times4^2=32}$

(2) 右の図は，$y=ax^2$ のグラフです。

PQ=6 のとき，a の値を求めなさい。

放物線は，y 軸について対称なので，
└ PR=QR

PR=$\underline{3}$　よって，P($\underline{3}$，-3)　$x=\underline{3}$，
└ PQ÷2

$y=-3$ を $y=ax^2$ に代入して，

$-3=a\times\underline{3}^2$　$a=-\dfrac{1}{3}$

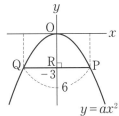

2 関数 $y=ax^2$ の変域

次の関数で，y の変域を求めなさい。

(1) $y=x^2$ $(1\leqq x\leqq 4)$
$x=0$ をふくまない↗

$x=1$ のとき，

$y=\underline{1}$

$x=4$ のとき，

$y=\underline{16}$

グラフから，$\underline{1\leqq y\leqq 16}$
└ 上に開いている

(2) $y=-2x^2$ $(-3\leqq x\leqq 2)$
└ $x=0$ をふくむ

$x=-3$ のとき，

$y=\underline{-18}$

$x=0$ のとき，$y=\underline{0}$

$x=2$ のとき，$y=\underline{-8}$

グラフから，$\underline{-18\leqq y\leqq 0}$
└ 下に開いている

3 関数 $y=ax^2$ の変化の割合

関数 $y=3x^2$ で，x の値が -1 から 2 まで増加するときの変化の割合を求めなさい。

$x=-1$ のとき $\underline{y=3}$，$x=2$ のとき $\underline{y=12}$
└ $y=3\times(-1)^2$　　└ $y=3\times2^2$

よって，変化の割合＝$\dfrac{y \text{ の増加量}}{x \text{ の増加量}}=\dfrac{12-3}{2-(-1)}=\dfrac{9}{3}=\underline{3}$

入試得点アップ

2乗に比例する関係

y が x の 2 乗に比例する関数は，$y=ax^2$ の式で表される。

$y=ax^2$ のグラフ

① 原点を通る**放物線**

② y 軸について対称

③ $a>0$ ⇒ 上に開く。
　$a<0$ ⇒ 下に開く。

④ a の絶対値が大きいほど，グラフの開き方は小さい。

$y=ax^2$ の変域

例 $y=x^2$ で，x の変域が

① $1\leqq x\leqq 3$ のとき，$1\leqq y\leqq 9$

② $-1\leqq x\leqq 3$ のとき，$0\leqq y\leqq 9$

$y=ax^2$ の変化の割合

$y=ax^2$ で，x の値が p から q まで増加するときの**変化の割合**は，

$\dfrac{aq^2-ap^2}{q-p}$

$=\dfrac{a(q+p)(q-p)}{q-p}$

$=a(p+q)$

やってみよう!入試問題

1 次の問いに答えなさい。

(1) y は x の 2 乗に比例し，$x=1$ のとき $y=2$ です。$x=3$ のとき y の値を求めなさい。

〔沖縄〕

[　　　　　　　　]

(2) 関数 $y=ax^2$ について，x の変域が $-2≦x≦1$ のとき，y の変域は $0≦y≦8$ です。このとき，定数 a の値を求めなさい。

〔岡山〕

[　　　　　　　　]

(3) 関数 $y=x^2$ について，x が a から $a+5$ まで増加するとき，変化の割合は 7 です。このとき，a の値を答えなさい。

〔新潟〕

[　　　　　　　　]

2 右の図の**ア〜エ**は，関数 $y=ax^2$ のグラフです。　〔群馬〕

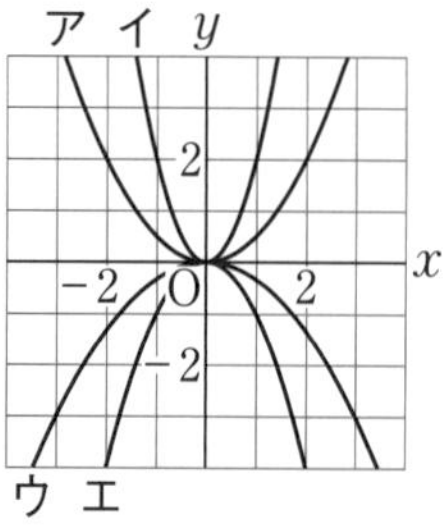

(1) 関数 $y=\dfrac{1}{2}x^2$ のグラフを，右の図の**ア〜エ**から選びなさい。

[　　　　　　　　]

(2) x の値が -2 から -1 まで増加するときの変化の割合が最も大きい関数のグラフを，右の図の**ア〜エ**から選びなさい。また，そのときの変化の割合を求めなさい。

記号 [　　　　　]　　**変化の割合** [　　　　　　]

3 右の図は，関数 $y=ax^2$ $(a<0)$ のグラフです。2 点 A，B は，このグラフ上の点で，x 座標はそれぞれ -3，1 です。　〔秋田〕

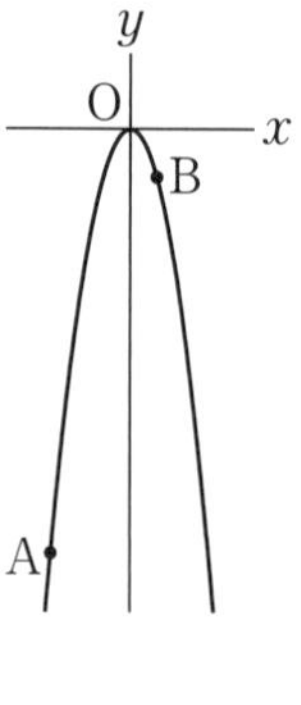

(1) $a=-1$ で，x の変域が $-3≦x≦1$ のとき，y の変域を求めなさい。

[　　　　　　　　]

(2) 2 点 A，B を通る直線の傾きが 3 のとき a の値を求めなさい。

[　　　　　　　　]

 「直線の傾きは変化の割合に等しい」を利用しよう。

13 関数 $y=ax^2$ (2)

[月 日]

入試重要ポイント TOP3

動点の問題	放物線と直線	放物線と図形
点Pが長方形の辺上を動くとき x, y の変域に注意する。	放物線と直線の交点の座標は連立方程式の解である。	図形の性質を利用して解く問題がよく出題される。

1 関数 $y=ax^2$ の利用（動点の問題）

右の図のような長方形 ABCD の頂点 B から，P は BA 上を A まで毎秒 1 cm の速さで，Q は BC 上を C まで毎秒 2 cm の速さで動きます。P, Q が同時に B を出発してから x 秒後の △PBQ の面積を y cm² とします。

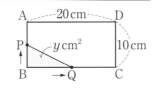

(1) y を x の式で表しなさい。

BP＝x cm，BQ＝$\underline{2x}$ cm だから，$y=\dfrac{1}{2}×x×2x=\underline{x^2}$
　　　　　　　　　　　　　　└ △PBQ は直角三角形

(2) y の変域を求めなさい。

$y=x^2$（$\underline{0≦x≦10}$）より，$\underline{0≦y≦100}$
　　　　　└ 点 P, Q は 10 秒間動く　└ 10^2

(3) △PBQ の面積が 24 cm² になるのは出発してから何秒後ですか。

$y=24$ だから，$\underline{24}=x^2$　$x>0$ より，$x=\sqrt{24}=\underline{2\sqrt{6}}$（秒後）

2 $y=ax^2$ のグラフと図形（直線と三角形）

右の図のように，$y=x^2$ のグラフ上に 2 点 A, B があり，A, B の x 座標は，それぞれ -1, 4 です。このとき，△AOB の面積を求めなさい。

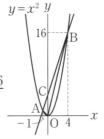

A, B の y 座標は，それぞれ $\underline{(-1)^2=1}$，$4^2=\underline{16}$
　　　　　　　　　　　　　　└ $y=x^2$ に $x=-1$ を代入
であるから，A$(-1, \underline{1})$，B$(4, \underline{16})$

直線 AB の傾きは $\dfrac{16-1}{4-(-1)}=\dfrac{15}{5}=\underline{3}$ である

るから，直線の式を $y=3x+b$ として $\underline{\text{点 B の座標}}$ を代入すると，
　　　　　　　　　　　　　　　　└ $x=4$, $y=16$
$16=3×4+b$　$b=\underline{4}$

よって，直線 AB の式は，$y=\underline{3x+4}$　…①

直線①と y 軸との交点を C とすると，①の切片が $\underline{4}$ より，C$(0, \underline{4})$

△AOB を，$\underline{OC}$ を共通の底辺とする 2 つの三角形，$\underline{△OCA}$，
　　　　　└ 4　　　　　　　　　　　　　　　　　　　└ 高さ 1
$\underline{△OCB}$ に分けて考えると，
└ 高さ 4

$△AOB=△OCA+△OCB=\dfrac{1}{2}×4×1+\dfrac{1}{2}×4×4=\underline{10}$

入試得点アップ

動点の問題

例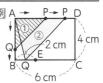

P, Q が毎秒 1 cm で，P は A→D，Q は A→B→E と動くとき，x 秒後の △APQ の面積を y cm² とする。

① $0≦x≦4$ のとき，
$y=\dfrac{1}{2}×x×x=\dfrac{1}{2}x^2$

② $4≦x≦6$ のとき，
$y=\dfrac{1}{2}×x×4=2x$

放物線と図形

① 放物線と三角形

点 A を通り，△AOB の面積を 2 等分する直線は，線分 OB の中点 M を通る。

② 放物線と長方形
四角形 ABCD が長方形であるとき，

㋐ 2 点 C, D の x 座標は等しい。
　2 点 B, C の y 座標は等しい。

㋑ BC＝C の x 座標×2

やってみよう!入試問題

解答 p.12

 目標時間 10 分

[　月　日]

□分

 1 右の図のような AB＝4 cm，AD＝2 cm の長方形 ABCD と，辺上を動く点 P，Q があります。点 P，Q は，A を同時に出発して，それぞれ次のように動きます。[点 P]A を出発して毎秒 2 cm の速さで辺 AB 上を B に向かって進み，B に到着すると，毎秒 2 cm の速さで辺 BA 上を A に向かって進み，A を出発してから 4 秒後に，A に戻り停止します。[点 Q]A を出発して毎秒 1 cm の速さで辺 AD 上を D に向かって進み，D に到着すると，毎秒 2 cm の速さで辺 DC 上を C に向かって進み，A を出発してから 4 秒後に，C で停止します。

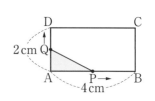

点 P，Q が A を出発してから x 秒後の △APQ の面積を y cm^2 とします。

〔愛媛－改〕

(1) 次のそれぞれの場合について，y を x の式で表し，そのグラフをかきなさい。

　① $0 \leqq x \leqq 2$ のとき　　　　② $2 \leqq x \leqq 4$ のとき

　　[　　　　　]　　　　　[　　　　　]

(2) $0 < x < 4$ で，△APQ が QA＝QP の二等辺三角形になるとき，x の値を求めなさい。

　　　　　　　　　　　　　　[　　　　　]

 2 右の図において，⑦は関数 $y = \frac{1}{4}x^2$，④は関数 $y = x^2$ のグラフであり，点 A は⑦上の点で，x 座標は正です。点 A を通り y 軸に平行な直線と④の交点を B とします。点 B を通り x 軸に平行な直線と④の交点のうち，x 座標が負である点を C とし，点 C を通り y 軸に平行な直線と⑦の交点を D とします。四角形 ABCD が正方形であるとき，点 A の x 座標を求めなさい。「点 A の x 座標を a とすると，」に続けて，求める過程も書きなさい。

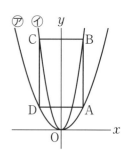

〔秋田－改〕

[　点 A の x 座標を a とすると，

　]

 点 Q は，$0 \leqq x \leqq 2$ のとき辺 AD 上に，$2 \leqq x \leqq 4$ のとき辺 DC 上にある。

サクッ!と入試対策 ❺

解答 p.13　⏱目標時間 10 分　　　分

1 右の図のように，関数 $y=\dfrac{a}{x}$ …⑦ のグラフ上に 2 点 A, B があり，関数⑦のグラフと関数 $y=2x$ …⑦ のグラフが，点 A で交わっています。点 A の x 座標が 3，点 B の座標が $(-9,\ p)$ のとき，次の問いに答えなさい。　〔三重〕

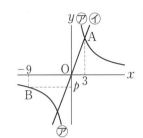

(1) a, p の値を求めなさい。

　　　　　　　　　　a の値 [　　　　　]　　p の値 [　　　　　]

(2) 関数⑦について，x の変域が $1\leqq x\leqq 5$ のときの y の変域を求めなさい。

　　　　　　　　　　　　　　　　　　　　　　[　　　　　　　　]

2 次の問いに答えなさい。

(1) 右の図のように，関数 $y=x^2$ のグラフ上に 2 点 A, B があります。A, B の x 座標がそれぞれ -3, 1 であるとき，2 点 A, B を通る直線の式を求めなさい。　〔滋賀〕

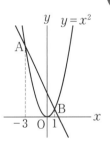

　　　　　　　　　　　　　　[　　　　　　　　]

(2) 関数 $y=ax^2$ について，x の変域が $-3\leqq x\leqq 2$ のとき，y の変域は $0\leqq y\leqq 6$ である。このとき，a の値を求めなさい。　〔青森〕

　　　　　　　　　　　　　　[　　　　　　　　]

(3) 関数 $y=ax^2$（a は定数）と関数 $y=-8x+7$ について，x の値が 1 から 3 まで増加するときの変化の割合が等しいとき，a の値を求めなさい。　〔愛知〕

　　　　　　　　　　　　　　[　　　　　　　　]

> **間違えやすい** 関数⑦は，$x>0$ のとき，x の値が増加すると y の値は減少する。

サクッ!と入試対策 ❻

解答 p.14

目標時間 10 分

[　　　] 分

1 次の問いに答えなさい。

(1) 関数 $y=\dfrac{8}{x}$ のグラフ上にあり，x 座標，y 座標がともに整数である点は何個あるか求めなさい。　　〔徳島〕

[　　　　　　　　　]

(2) ボールが，ある斜面をころがりはじめてから x 秒後までにころがる距離を y m とすると，x と y の関係は $y=3x^2$ でした。ボールがころがりはじめて 2 秒後から 4 秒後までの平均の速さは毎秒何 m か，求めなさい。　　〔愛知〕

[　　　　　　　　　]

2 右の図のように，関数 $y=\dfrac{1}{4}x^2$ のグラフ上に 3 点 A，B，C があります。A の x 座標は -4 で，B の x 座標は 2 であり，C の x 座標は正で，C の y 座標は A の y 座標より 5 だけ大きいです。　〔熊本〕

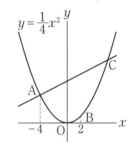

(1) 点 A の y 座標を求めなさい。

[　　　　　　　　　]

(2) 点 C の座標を求めなさい。

[　　　　　　　　　]

(3) 直線 AC の式を求めなさい。

[　　　　　　　　　]

(4) 線分 AC 上に 2 点 A，C とは異なる点 P をとります。△BCP の面積が △AOB の面積と等しくなるときの P の座標を求めなさい。

[　　　　　　　　　]

(3)より，直線 AC と線分 OB は平行になる。これを利用しよう。

入試重要ポイント TOP3

図形の移動
ずらす⇔平行移動
まわす⇔回転移動
折り返す⇔対称移動

おうぎ形
おうぎ形の弧の長さ・面積は中心角に比例する。

基本の作図
線分の垂直二等分線，角の二等分線，垂線の作図が基本。

図形／1年

14 平面図形

1 図形の移動

(3)

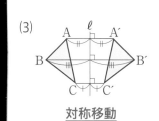

対称移動

とき，

を答

であるから，$\ell \perp OA$

弧の長

3 基本の作図

次の作図をしなさい。

(1) 線分の垂直二等分線　(2) 角の二等分線　(3) 垂線

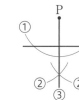

入試得点アップ

図形の移動

図形の形と大きさを変えないで，位置だけを変えることを**移動**といい，**平行移動**，**回転移動**，**対称移動**の3つがある。

平行と垂直

2直線 ℓ, m があるとき，
① **平行**⇔$\ell /\!/ m$
② **垂直**⇔$\ell \perp m$

円とおうぎ形

① 半径 r の円の円周は $2\pi r$，面積は πr^2
② 中心角 $a°$ のおうぎ形の弧の長さと面積は，中心角に比例するから，
　㋐ 弧の長さ ℓ
$$\ell = 2\pi r \times \frac{a}{360}$$
　㋑ 面積 S
$$S = \pi r^2 \times \frac{a}{360}$$
$$S = \frac{1}{2}\ell r$$
　㋒ $a = 360 \times \dfrac{\ell}{2\pi r}$

作図の問題

① 2点から等距離⇔**線分の垂直二等分線**
② 角の2辺から等距離⇔**角の二等分線**
③ 円の接線は，その接点を通る半径に垂直である。
　⇒**垂線**の作図

1 下の図のおうぎ形について，次のものを求めなさい。

(1) 弧の長さ 〔徳島-改〕　**(2)** 面積 〔岡山〕　**(3)** 中心角 〔福島-改〕

36°
10cm

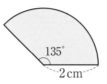
135°
2cm

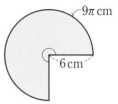
9π cm
6cm

[　　　] 　　[　　　] 　　[　　　]

2 次の作図をしなさい。作図に用いた線は消さずに残して
おくこと。

(1) 右の図のような，線分 OA を，点Oを中心として反時
計まわりに 30° だけ回転移動させたとき，点Aが移る
点をBとします。点Bを作図によって求めなさい。

〔宮城〕

O————A

(2) 右の図で，点Pは直線 ℓ 上にない点です。右に示した図をもと
にして，1つの頂点が点Pに一致し，1本の対角線が直線 ℓ に
重なる正方形を，定規とコンパスを用いて作図しなさい。〔東京〕

•P

ℓ ————

 (3) 右の図のように，3点 A，B，C があります。次の条件①，②を満
たす点Pを，定規とコンパスを使って図に作図しなさい。 〔奈良〕

[条件]　① 点Pは，2点 A，B から等しい距離にある。
　　　　② ∠ABP＝∠CBP である。

A

B　　C

 条件②より，半直線 BP は ∠ABC の二等分線になっていることがわかる。

15 空間図形

[　　　月　　　日]

入試重要ポイント TOP3

直線と平面	柱体の側面積	角錐・円錐の体積
直方体の辺や面で平行・垂直・ねじれの位置を理解する。	側面積は，高さ×底面のまわりの長さ	$\frac{1}{3}×$底面積×高さ

1 直線や平面の位置関係

右の図は直方体です。

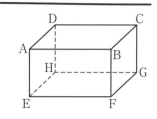

(1) 辺 AB とねじれの位置にある辺はどれですか。

　　辺 DH，辺 **CG**，辺 **EH**，辺 **FG**

(2) 辺 AD と垂直な面はどれですか。

　　面 **AEFB**，面 **DHGC**

2 空間図形

次の問いに答えなさい。

(1) 右の図は，正四角錐（せいしかくすい）の投影図をかいているところです。この図に必要な線をかき入れて，完成させなさい。

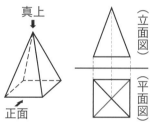

(2) 次の立体の体積と表面積を求めなさい。

① 三角柱

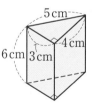

体積は，

$$\underset{底面積}{\frac{1}{2}×3×4}×\underset{高さ}{6}=36\ (\text{cm}^3)$$

側面積は，

$$6×\underset{底面のまわりの長さ}{(3+4+5)}=72\ (\text{cm}^2)$$

表面積は，

$$72+\underset{底面積2つ分}{\frac{1}{2}×3×4×2}$$
$$=72+\underline{12}=\underline{84}\ (\text{cm}^2)$$

② 円錐

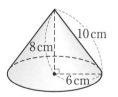

体積は，

$$\frac{1}{3}×\underset{底面積}{\pi×6^2}×\underset{高さ}{8}=96\pi\ (\text{cm}^3)$$

側面のおうぎ形の弧の長さは，$2\pi×6=\underline{12\pi}\ (\text{cm})$

側面積は，

$$\frac{1}{2}×\underset{弧の長さ}{12\pi}×\underset{半径}{10}=60\pi\ (\text{cm}^2)$$

表面積は，

$$60\pi+\underset{底面積}{\pi×6^2}=96\pi\ (\text{cm}^2)$$

入試得点アップ

ねじれの位置

交わらず，平行でない2直線の位置関係を，**ねじれの位置にある**という。

投影図

立面図と平面図を合わせて**投影図**という。

柱体の体積・表面積

① 体積＝底面積×高さ
② 側面積＝高さ×底面のまわりの長さ
③ 表面積＝側面積＋底面積×2

錐体の体積・表面積

① 体積＝$\frac{1}{3}×$底面積×高さ

例 底面の半径 r，高さ h の円錐の体積 V は

$$V=\frac{1}{3}\pi r^2 h$$

② 表面積＝側面積＋底面積

球の体積 V・表面積 S

① $V=\frac{4}{3}\pi r^3$
② $S=4\pi r^2$

やってみよう!入試問題

解答 p.15

 目標時間 10 分

□ 分

1 右の図の直方体で，面 ABFE に平行な辺をすべて答えなさい。

〔滋賀〕

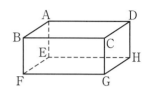

[   ]

2 次の問いに答えなさい。

⑴ 右の図は円錐の展開図であり，側面のおうぎ形の中心角は 120° で，底面の円の半径は 4 cm です。このとき，側面のおうぎ形の半径を求めなさい。

〔和歌山〕

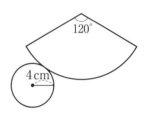

[   ]

⑵ 右の図のように，1 辺の長さが 5 cm の正方形 ABCD を底面とし，高さが 4 cm の正四角錐 OABCD があります。この正四角錐の体積を求めなさい。

〔北海道〕

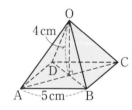

[   ]

3 次の問いに答えなさい。

⑴ 右の図で，四角形 ABCD は，AB＝7 cm，BC＝4 cm の長方形です。この長方形を，辺 AB を軸として 1 回転させてできる立体の表面積を求めなさい。

〔秋田〕

[   ]

⑵ 右の**ア**，**イ**は，体積が等しい立体のそれぞれの投影図です。**ア**の立体の h の値を求めなさい。ただし，平面図は半径がそれぞれ 4 cm，3 cm です。　〔青森〕

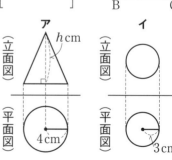

[   ]

> **ア**の立体は底面の半径 4 cm，高さ h cm の円錐，**イ**は半径 3 cm の球である。

16 図形の角と合同 (1)

入試重要ポイント TOP3

三角形の外角
外角はそれととなり合わない2つの内角の和に等しい。

多角形の内角と外角
n 角形の内角の和は $180° \times (n-2)$, 外角の和は $360°$

平行線と角
平行な2直線では, 同位角・錯角は等しい。

[月 日]

1 多角形の内角と外角

次の問いに答えなさい。

(1) 次の図の $\angle x$ の大きさを求めなさい。

①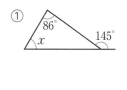
②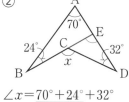
③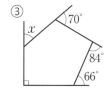

$$\angle x = 145° - \underline{86°}$$
$$= \underline{59°}$$

$$\angle x = \underline{70° + 24° + 32°}_{\angle CED}$$
$$= \underline{126°}$$

$$\angle x = 360° - (90° +$$
$$\underline{66° + 84° + 70°})_{\text{外角の和}}$$
$$= 360° - \underline{310°}$$
$$= \underline{50°}$$

(2) 正十角形の1つの内角の大きさを求めなさい。

$$\underline{180° \times (10-2)}_{\text{十角形の内角の和}} \div 10 = \underline{1440°} \div 10 = \underline{144°}$$

(3) 正十二角形の1つの外角の大きさを求めなさい。

$$\underline{360° \div 12}_{\text{外角の和}} = \underline{30°}$$

2 平行線と角

次の図の $\angle x$ の大きさを求めなさい。ただし, $\ell /\!/ m$ である。

(1)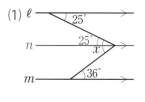

$$\angle x = \underline{25°}_{\text{錯角}} + \underline{36°}_{\text{錯角}}$$
$$= \underline{61°}$$

(2)

$$\angle x = 42° - \underline{10°}$$
$$= \underline{32°}$$

(3)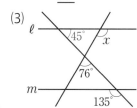

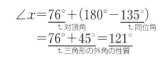

$$\angle x = \underline{76°}_{\text{対頂角}} + (\underline{180° - 135°})_{\text{同位角}}$$
$$= \underline{76° + 45°}_{\text{三角形の外角の性質}} = \underline{121°}$$

やってみよう!入試問題

解答 p.16

目標時間 10 分

□ 分

1 次の図の ∠x の大きさを求めなさい。

(1) 〔秋田〕

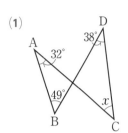

[ ]

(2) 〔島根〕

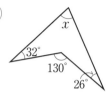

[ ]

(3) 〔徳島〕

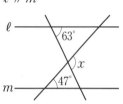

[ ]

(4) 〔宮崎〕

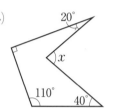

[ ]

(5) ℓ // m 〔福島〕

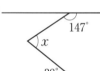

[ ]

(6) ℓ // m 〔島根〕

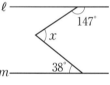

[ ]

2 右の図で, D は △ABC の ∠ABC の二等分線と ∠ACB の二等分線との交点です。∠BAC=74° のとき, ∠BDC の大きさは何度か, 求めなさい。 〔愛知〕

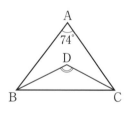

[ ]

3 長方形 ABCD の紙があります。辺 AD 上に点 E を, 辺 BC 上に点 F をとり, 線分 EF を折り目として, 図のように, この紙を折り返しました。この折り返しによって頂点 A, B が移った点をそれぞれ G, H とします。∠HFC=50° のとき, ∠GEF の大きさを求めなさい。 〔奈良〕

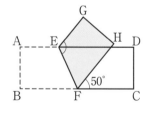

[ ]

> 折り返してできる図形だから, ∠EFB=∠EFH

図形／2年

17 図形の角と合同 (2)

入試重要ポイント TOP3

合同な図形の性質	三角形の合同条件	証明のしくみ
対応する辺の長さや角の大きさが等しい。	・3組の辺 ・2組の辺とその間の角 ・1組の辺とその両端の角	仮定から出発し,正しい根拠を使って結論を導く。

1 三角形の合同条件

右の図の中で, 合同な三角形を見つけ, 記号 ≡ を使って表しなさい。また, そのときの合同条件をいいなさい。

等しい辺や角を見つけ出し, 対応する頂点の順に表す。

△ABC≡△__NMO__ (__2組の辺とその間の角__がそれぞれ等しい。)

△DEF≡△__LKJ__ (__1組の辺とその両端の角__がそれぞれ等しい。)

△GHI≡△__RPQ__ (__3組の辺__がそれぞれ等しい。)

2 三角形の合同と証明

右の図のように, 正方形 ABCD と BE=BF の直角二等辺三角形 BEF があります。ただし, ∠CBF は鋭角とします。このとき, AE=CF であることを証明しなさい。

△ABE と △__CBF__ において,

正方形 ABCD で, AB=__CB__ …①

直角二等辺三角形 BEF で, BE=__BF__ …②

∠ABC=∠EBF=__90°__ だから,

∠ABE+∠EBC=90°

∠__CBF__+∠EBC=__90°__

よって, ∠ABE=∠__CBF__ …③

①, ②, ③より, __2組の辺とその間の角__がそれぞれ等しいから,

△ABE≡△__CBF__

よって, 合同な図形では, 対応する辺の長さは等しいから,

AE=__CF__

入試得点アップ

① 対応する線分の長さは等しい。
② 対応する角の大きさは等しい。

2つの三角形は, 次の1つが成り立てば合同である。

① 3組の辺がそれぞれ等しい。

② 2組の辺とその間の角がそれぞれ等しい。

③ 1組の辺とその両端の角がそれぞれ等しい。

① 証明…あることがらが成り立つことを, 筋道を立てて明らかにすること。

② 仮定と結論
「p ならば q」で, p の部分を仮定, q の部分を結論という。

③ 証明の流れ…根拠を考えながら, 仮定から結論を導く。

[　　月　　日]

やってみよう!入試問題

解答 p.16

目標時間 10 分

□ 分

1 右の図のように,線分 AB 上に点 C をとり,AC,CB をそれぞれ 1 辺とする正三角形 △ACD と △CBE を AB の同じ側につくります。また,AE と BD の交点を F とします。〔長野-改〕

(1) △ACE≡△DCB を証明しなさい。

[

]

(2) ∠BFE の大きさを求めなさい。

[　　　　　]

2 長方形 ABCD を,対角線 AC を折り目として折り返したとき,点 B が移動した点を E,辺 AD と線分 CE の交点を F とします。このとき,△AEF≡△CDF を証明しなさい。〔長崎-改〕

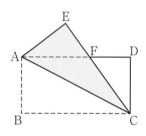

[

]

 三角形の 2 つの角がそれぞれ等しければ残りの角も等しいことに注目しよう。

18 三角形と四角形

図形／2年

入試重要ポイント TOP3

直角三角形の合同条件	平行四辺形の性質	特別な平行四辺形
・斜辺と1つの鋭角 ・斜辺と他の1辺	2組の対辺は等しい。 2組の対角は等しい。 対角線は中点で交わる。	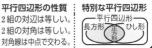

1 二等辺三角形と平行四辺形の性質

次の図の $\angle x$ の大きさを求めなさい。

(1) BA＝BC

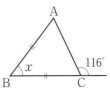

$\angle A = \angle ACB = 180° - 116° = \underline{64°}$
└ 二等辺三角形の底角は等しい
$\angle x = 180° - \underline{64°} \times 2 = \underline{52°}$

(2) 平行四辺形 ABCD

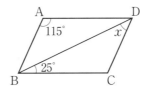

$\angle C = \angle A = 115°$
└ 平行四辺形の対角は等しい
$\angle x = \underline{180°} - (115° + 25°)$
$\quad = 180° - \underline{140°} = \underline{40°}$

(3) 正方形 ABCD，正三角形 BCE

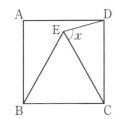

CE＝BC＝CD より，
△CDE は二等辺三角形
また，$\angle BCE = 60°$ より，$\angle DCE = \underline{30°}$
└ 正三角形の内角　　　　　　　　　　└ 90°－60°
よって，$\angle x = (180° - \underline{30°}) \div \underline{2} = \underline{75°}$

2 平行四辺形になるための条件

右の図で，2つの四角形 ABCD，EBCF はともに平行四辺形です。このとき，四角形 AEFD は平行四辺形であることを証明しなさい。

平行四辺形の対辺はそれぞれ<u>等</u>しいから，
└ 平行四辺形の性質
AD＝<u>BC</u>，<u>BC</u>＝EF
よって，AD＝<u>EF</u> …①
また，平行四辺形の対辺はそれぞれ<u>平行</u>であるから，
└ 平行四辺形の定義
AD／／<u>BC</u>，<u>BC</u>／／EF
よって，AD／／<u>EF</u> …②
①，②より，<u>1 組の対辺</u>が<u>平行</u>で，その長さが<u>等しい</u>から，
└ 平行四辺形になる条件
四角形 AEFD は<u>平行四辺形</u>である。

入試得点アップ

二等辺三角形

① **定義**…2 つの辺が等しい三角形
② **性質**…二等辺三角形の 2 つの**底角**は等しい。
③ **二等辺三角形になる条件**…2 つの角が等しい三角形は二等辺三角形である。

直角三角形の合同条件

① **斜辺と 1 つの鋭角**がそれぞれ等しい。
② **斜辺と他の 1 辺**がそれぞれ等しい。

平行四辺形

① **定義**…2 組の対辺がそれぞれ平行な四角形
② **性質**
　㋐ 2 組の対辺はそれぞれ等しい。
　㋑ 2 組の対角はそれぞれ等しい。
　㋒ 対角線はそれぞれの中点で交わる。
③ **平行四辺形になる条件**
　定義と上記の性質 3 つと
　㋓ 1 組の対辺が平行で等しい。
　の 5 つある。
④ **特別な平行四辺形**
　㋐ 長方形…4 つの角が等しい。
　㋑ ひし形…4 つの辺が等しい。
　㋒ 正方形…4 つの角と 4 つの辺が等しい。

やってみよう!入試問題

解答 p.17

1 次の図で，∠x の大きさを求めなさい。

(1) AB＝AD 〔山口〕

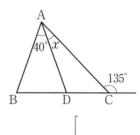

(2) □ABCD 〔香川〕
CA＝CB

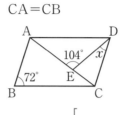

(3) □ABCD 〔秋田〕
∠ADE＝∠CDE

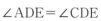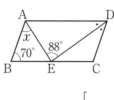

[　　　　]　　[　　　　]　　[　　　　]

2 右の図のような平行四辺形 ABCD があります。この平行四辺形に，条件 ∠A＝∠B を加えると，長方形になります。では，平行四辺形がひし形になるには，どのような条件を加えればよいか，次のアからエまでの中から正しいものを1つ選んで，その記号を書きなさい。 〔愛知〕

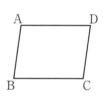

ア ∠A＝∠D　　　**イ** AB＝AD　　　**ウ** AB＝AC　　　**エ** AC＝BD

[　　　　]

3 右の図の平行四辺形 ABCD で，AB，BC 上にそれぞれ点 E，F をとります。AC∥EF のとき，△ACE と面積が等しい三角形を3つ書きなさい。 〔青森〕

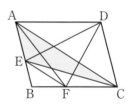

[　　　　　　　　　　　　　　　　]

4 正方形 ABCD があり，辺 AB 上に点 E，辺 BC 上に点 F をとり，△DEF が正三角形になるようにします。このとき，△AED≡△CFD であることを証明しなさい。 〔佐賀－改〕

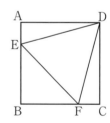

[

　　　　　　　　　　　　　　　　　　　　　　　　　　　　　　

]

> △AED と △CFD は斜辺が等しい直角三角形であることから合同条件を考えよう。

サクッ!と入試対策 ❼

目標時間 10 分

解答 p.18

[ ]分

1 右の図のような △ABC があります。辺 BC を底辺としたとき
の高さを表す線分 AP を，作図によって求めなさい。 〔栃木〕

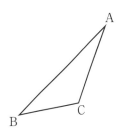

2 右の図は，底面の半径が 6 cm，母線の長さが 30 cm の円錐です。この円錐の
展開図をかいたとき，側面になるおうぎ形の中心角を求めなさい。 〔青森〕

[ ]

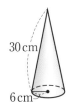

30 cm

6 cm

3 次の図で，∠x の大きさを求めなさい。

(1) ℓ ∥ m 〔鳥取〕

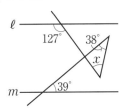

[ ]

(2) ℓ ∥ m，正五角形 ABCDE 〔青森〕

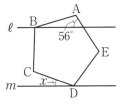

[ ]

4 右の図 1 のような，AB＜AD の平行四辺形 ABCD
があります。この平行四辺形を図 2 のように，頂点
C が頂点 A に重なるように折りました。折り目の線
と辺 AD，BC との交点をそれぞれ P，Q とし，頂点
D が移った点を E とします。このとき，
△ABQ≡△AEP であることを証明しなさい。 〔栃木〕

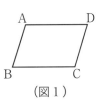

（図 1 ）

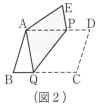

（図 2 ）

間違え
やすい 四角形 CDPQ≡四角形 AEPQ である。頂点 A と C が対応している。

サクッ!と入試対策 ❽

⏱ 目標時間 10 分

解答 p.18

[　　　]分

1 右の図は，1 辺の長さが 3 cm の立方体 ABCD–EFGH です。この立方体を 3 点 B，D，E を通る平面で 2 つの立体に分けるとき，2 つの立体の表面積の差は何 cm² ですか。 〔鹿児島〕

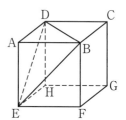

[　　　　　　　]

2 2 点 A，B は，おうぎ形 OXY の弧上の点です。次の □ の中に示した条件①と条件②の両方にあてはまる点 P を作図しなさい。

条件①　直線 AP は，点 A を接点とする接線である。
条件②　AP＝BP である。 〔静岡〕

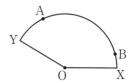

3 右の図で，四角形 ABCD は長方形であり，△ACE は AC＝AE の二等辺三角形です。線分 BD と線分 AE の交点を F とします。∠BAC＝34°，∠BFE＝98° であるとき，∠x の大きさを求めなさい。 〔三重〕

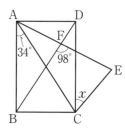

[　　　　　　　]

4 右の図の正三角形 ABC で，BC，CA 上にそれぞれ点 D，E をとります。BD＝CE のとき，次の問いに答えなさい。 〔青森－改〕

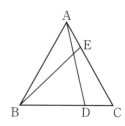

(1) △ABD と △BCE が合同になることを証明しなさい。

(2) AD と BE の交点を F とするとき，∠AFB の大きさを求めなさい。

[　　　　　　　]

 △BDE は 2 つの立体に共通する面なので，その部分の差は考える必要がない。

19 図形／3年 相似な図形 (1)

入試重要ポイント TOP3

相似比	三角形の相似条件	相似条件と証明
相似な図形で対応する部分の長さの比を相似比という。	・3組の辺の比 ・2組の辺の比とその間の角 ・2組の角	対応する辺の比や角を調べ、あてはまる条件を考える。

1 相似な図形

右の図において、△ABC∽△DEF である。AB＝6 cm, BC＝8 cm, DE＝4 cm であるとき、次の問いに答えなさい。

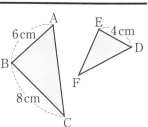

(1) 相似比を求めなさい。

対応する辺の比で考える。

$\underline{AB：DE＝6：4＝3：2}$
└点Aと点D, 点Bと点Eが対応

(2) EF の長さを求めなさい。

(1)より、BC：$\underline{EF}$＝3：2　8：EF＝3：2　3EF＝$\underline{16}$
　　　　　└相似比　└比例式の性質を使う

EF＝$\dfrac{16}{3}$ (cm)

2 三角形の相似条件と証明

次の問いに答えなさい。

(1) 右の図において、△ABC∽△AQP であることを証明しなさい。

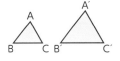

　△ABC と $\underline{△AQP}$ において、

　AB：AQ＝10：$\underline{5}$＝$\underline{2：1}$

　AC：AP＝12：$\underline{6}$＝$\underline{2：1}$

　よって、AB：AQ＝$\underline{AC：AP}$ …①　　∠A は$\underline{共通}$ …②

　①、②より、$\underline{2組の辺の比とその間の角}$がそれぞれ等しいから、
　　　　　　└三角形の相似条件

　△ABC∽$\underline{△AQP}$

(2) 右の図で、BD⊥AC, CE⊥AB である。このとき、△CDF∽△BEF であることを証明しなさい。

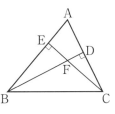

　△CDF と $\underline{△BEF}$ において、

　仮定より、∠CDF＝$\underline{∠BEF}$＝$\underline{90}$° …①

　対頂角は等しいから、∠CFD＝$\underline{∠BFE}$ …②

　①、②より、$\underline{2組の角}$がそれぞれ等しいから、
　　　　　　└三角形の相似条件

　△CDF∽$\underline{△BEF}$

入試得点アップ

相似な図形

① 相似な図形…一方の図形を一定の割合に**拡大・縮小**すると他方と合同になる2つの図形

② **相似比**…相似な図形で、対応する部分の長さの比

三角形の相似条件

2つの三角形は、次のどれかが成り立てば、相似である。

① **3組の辺の比**がすべて等しい。

② **2組の辺の比とその間の角**がそれぞれ等しい。

③ **2組の角**がそれぞれ等しい。

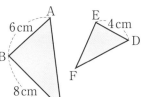

三角形の相似と証明

① 三角形の相似条件の1つを示す。このとき、相似条件として、**「2組の角」**を使うことが多い。

② 相似を証明する三角形が重なっているときは、小さいほうの三角形を、対応する辺、角がよくわかるように抜き出して、大きいほうと同じ向きにかくとよい。

1 次の問いに答えなさい。

(1) 右の図のように，∠A＝90° の直角三角形 ABC があります。辺 BC 上に，点 B と異なる点 P をとり，△ABC と △PAC が相似になるようにします。点 P を定規とコンパスを使って作図しなさい。　〔北海道〕

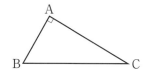

(2) 右の図のように，高さ 5.6 m の照明灯の真下から 10 m 離れたところに太郎さんが立っています。太郎さんの影の長さは 4 m でした。このとき，太郎さんの身長は何 m か求めなさい。　〔富山〕

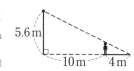

[　　　　　]

2 右の図のように，AB＝6，BC＝3，CA＝4 の △ABC があります。∠ABC＝∠ACD となるように線分 CD をひいたとき，線分 CD の長さを求めなさい。　〔徳島〕

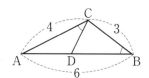

[　　　　　]

3 右の図のように，AB＝25 cm，BC＝30 cm，CA＝20 cm の △ABC があり，辺 AB 上に BD＝9 cm となる点 D をとります。　〔新潟〕

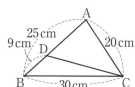

(1) △ABC∽△ACD であることを証明しなさい。

[

]

(2) 線分 CD の長さを求めなさい。

[　　　　　]

> ！ △ACD を抜き出して，対応がよくわかるように △ABC と同じ向きにかくとよい。

入試重要ポイント TOP3

平行線と線分の比	中点連結定理	相似と面積・体積
平行線があれば，三角形・平行線と比の定理を使う。	中点が2つ以上あれば，中点連結定理を考えてみる。	相似比 $m:n$ の図形・面積比 $m^2:n^2$・体積比 $m^3:n^3$

20 図形／3年 相似な図形 (2)

1 平行線と線分の比

次の図で，x，y の値を求めなさい。

(1) DE∥BC

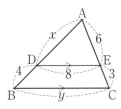

(2) AB∥EF∥DC

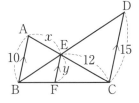

$\underbrace{x:4=6:3}_{\llcorner DE\sslash\sslash BC \ より}=2:1 \quad x=\underline{8}$

$8:y=2:(2+\underline{1})$

$2y=\underline{24} \quad y=\underline{12}$

$\underbrace{x:12=10:15}_{\llcorner AB\sslash\sslash DC \ より}=2:3$

$3x=24 \quad x=\underline{8}$

$\underbrace{y:15=2:(2+3)}_{\llcorner \triangle BCD で EF\sslash\sslash DC \ より}$

$5y=\underline{30} \quad y=\underline{6}$

2 中点連結定理，相似な図形の面積比

右の図のような直角三角形 ABC があります。辺 AB の中点を D とし，辺 AB の垂直二等分線と ∠A の二等分線との交点を E とします。

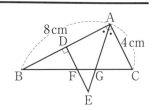

(1) 線分 DF の長さを求めなさい。

点 D は辺 AB の**中点**，DF∥AC だから，**中点連結定理**より，
<small>└点 F は辺 BC の中点</small>

$DF=\dfrac{1}{2}AC=\underline{\dfrac{1}{2}}×4=\underline{2}$ (cm)

(2) △EFG と △ACG の面積比を求めなさい。

∠GEF=∠**GAC** (錯角)，∠EGF=∠**AGC** (対頂角) より，

2組の角がそれぞれ等しいから，△EFG∽△**ACG**
<small>└三角形の相似条件</small>

∠DAE=45° より，△ADE は**直角二等辺**三角形である。

DE=AD=4 cm，DF=2 cm より，

EF=$\underline{4-2}=\underline{2}$ (cm)

よって，△EFG と △ACG の相似比は 2：4=$\underline{1}$：$\underline{2}$ だから，

面積比は $1^2:\underline{2^2}=\underline{1}:\underline{4}$
<small>└相似比の2乗に等しい</small>

入試得点アップ

平行線と比

① 三角形と比
　DE∥BC のとき，

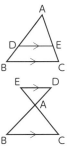

㋐ AD：AB=AE：AC
　　=DE：BC

㋑ AD：DB=AE：EC

② 下の図で，ℓ∥m∥n
　のとき，
　AB：BC
　=A′B′：B′C′

中点連結定理

△ABC の辺 AB，AC
の**中点**をそれぞれ D，
E とすると，

① DE∥BC

② DE=$\dfrac{1}{2}$BC

相似な図形の面積比と体積比

相似比が $m:n$ の相似
な図形において，

① 面積比は $m^2:n^2$

② 体積比は $m^3:n^3$

1 次の図で,x の値を求めなさい。

(1) DE∥BC 〔沖縄〕

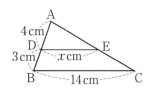

[　　　　　]

(2) AD∥BC 〔新潟〕

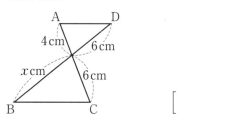

[　　　　　]

(3) DE∥BC 〔岩手〕

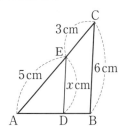

[　　　　　]

(4) ℓ∥m∥n 〔秋田〕

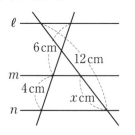

[　　　　　]

2 相似な 2 つの三角錐 P,Q があり,その相似比は 3:5 です。P と Q の体積比を求めなさい。

〔富山〕

[　　　　　　　　]

3 右の図のように,△ABC の辺上に BD:DC=1:2 となる点Dをとります。また,線分 AD,辺 AC の中点をそれぞれ E,F とします。このとき,BE=DF となることを証明しなさい。 〔福島〕

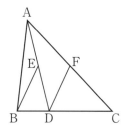

> **ココ注意!** 中点連結定理を用いて,四角形 BDFE が平行四辺形であることを示そう。

21 図形／3年 円

入試重要ポイント TOP3

円周角の定理	円と半径・直径	円に内接する四角形
同じ弧に対する円周角は等しく中心角の半分に等しい。	半径から二等辺三角形，直径から直角三角形を考える。	円に内接する四角形の向かい合う内角の和は 180°

---

1 円周角の定理

次の図で，∠x の大きさを求めなさい。

(1)
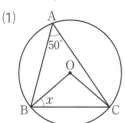

(2)
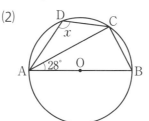

OB，OC は円の**半径**だから，
△OBC は**二等辺**三角形。
中心角と円周角の関係より，
∠BOC＝50°×**2**＝**100°**
よって，
$\angle x = (180° - 100°) ÷ 2$
 ∟二等辺三角形の底角 ∟頂角
　　＝**40°**

AB は**直径**だから，∠ACB＝**90°**
よって，∠B＝90°−28°＝**62°**
四角形 ABCD は円に**内接**して
いるから，∠x＋∠B＝**180°**
 ∟内接四角形の性質
したがって，
∠x＝**180°**−62°＝**118°**

---

2 円と相似

右の図で，A，B，C，D は円周上の点で，
AB＝AC です。弦 AD，BC の交点を
E とするとき，△ABD∽△AEB とな
ることを証明しなさい。

　△ABD と △AEB において，
　共通な角だから，
　∠BAD＝∠**EAB** …①
　仮定より，AB＝AC だから，
　∠ACB＝∠**ABE** …②
 　　∟二等辺三角形の底角は等しい
　弧 AB に対する円周角は等しいから，
　∠ACB＝∠**ADB** …③
　よって，②，③より，∠ADB＝∠**ABE** …④
　①，④より，**2 組の角**がそれぞれ等しいから，△ABD∽△AEB
 　　　　　∟三角形の相似条件

入試得点アップ

円周角の定理

① 1 つの弧に対する円周角はすべて等しく，中心角の**半分**である。

∠APB＝∠AP′B
＝∠AP″B＝…
$\angle APB = \dfrac{1}{2}\angle AOB$

② AB が**直径**のとき，∠APB＝90°

③ 円周角の定理の逆
2 点 P，Q が直線 AB について同じ側にあって，∠APB＝∠AQB ならば，4 点 A，P，Q，B は**同一円周上**にある。

円に内接する四角形

四角形 ABCD が円に**内接**するとき，

∠A＋∠C＝180°
∠B＋∠D＝180°

やってみよう!入試問題

目標時間 10 分

分

解答 p.20

1 次の図で，∠x の大きさを求めなさい。

(1) 〔和歌山〕

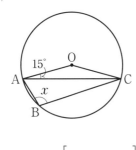

[   ]

(2) AB＝AC，BD は直径 〔福島〕

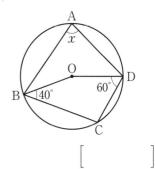

[   ]

(3) 〔東京〕

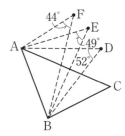

[   ]

2 右の図において，∠BAC＝46°，∠CBA＝85° とします。このとき，3 点 A，B，C と同じ円周上にある点は 3 点 D，E，F のどれですか。 〔鹿児島〕

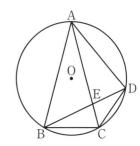

[   ]

3 右の図のように，円 O の周上に 4 点 A，B，C，D があり，AB＝AC，∠BAC＝∠CAD です。また，線分 AC と線分 BD との交点を E とします。 〔富山〕

(1) △ABE≡△ACD を証明しなさい。

[   ]

(2) AB＝AC＝4 cm，AD＝3 cm とします。このとき，線分 BD の長さを求めなさい。

[   ]

 △ABE∽△DCE を示し，対応する辺の比で考えよう。

22 三平方の定理 (1)

入試重要ポイント TOP3　[　月　日]

三平方の定理	特別な直角三角形	2点間の距離
直角三角形では，2辺がわかれば残りの辺もわかる。	30°，60°，90°の直角三角形の辺の比は $1:\sqrt{3}:2$	2点 $P(a, b)$, $Q(c, d)$ 間の距離 $PQ=$ $\sqrt{(c-a)^2+(d-b)^2}$

1 三平方の定理

次の直角三角形で，x の値を求めなさい。

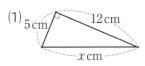

(1)

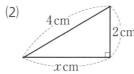

(2)

$$\underline{5^2+12^2}=x^2$$
　　　└─ └─直角をはさむ辺
$$x^2=25+144=\underline{169}$$

$$x>0 \ \text{より，} \ x=\underline{13}$$

$$x^2+\underline{2^2}=\underline{4^2}$$
　　　　└斜辺
$$x^2=16-4=\underline{12}$$

$$x>0 \ \text{より，} \ x=\underline{2\sqrt{3}}$$

2 特別な直角三角形

右の図のように，2枚1組の三角定規を並べます。AB，CD の長さを求めなさい。

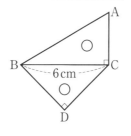

$$AB=\frac{2}{\sqrt{3}}BC=\frac{2}{\sqrt{3}}\times\underline{6}=\underline{4\sqrt{3}} \ (\text{cm})$$
　　└ AB：BC＝2：$\sqrt{3}$

$$CD=\frac{1}{\sqrt{2}}BC=\frac{1}{\sqrt{2}}\times\underline{6}=\underline{3\sqrt{2}} \ (\text{cm})$$
　　└ CD：BC＝1：$\sqrt{2}$

3 2点間の距離，三平方の定理の逆

右の図のような △ABC があります。この三角形はどんな三角形ですか。

各辺の長さを求めると，
　└ 2点間の距離の公式を使う
$$BC=\sqrt{(3-0)^2+(1-3)^2}=\sqrt{13}$$
　　　　　　　　　　　　└ $\sqrt{9+4}$
$$AC=\sqrt{(7-3)^2+(7-1)^2}=\sqrt{52}=2\sqrt{13}$$
$$AB=\sqrt{(7-0)^2+(7-3)^2}=\sqrt{65}$$
$$\underline{BC^2+AC^2=13+52=65=AB^2}$$
　└ 三平方の定理の逆より ∠C＝90°
よって，△ABC は ∠$\underline{C}$＝90° の$\underline{直角}$三角形である。

入試得点アップ

三平方の定理

① **三平方の定理**

直角三角形の直角をはさむ2辺の長さを a, b, 斜辺の長さを c とすると，$a^2+b^2=c^2$ が成り立つ。

② **三平方の定理の逆**

三角形の3辺の長さ a, b, c の間に，$a^2+b^2=c^2$ の関係が成り立つとき，その三角形は直角三角形である。

特別な直角三角形

① 45°，45°，90° の角

② 30°，60°，90° の角

2点間の距離

2点 $P(a, b)$, $Q(c, d)$ の間の距離は，
$$PQ=\sqrt{(c-a)^2+(d-b)^2}$$

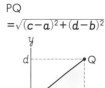

やってみよう！入試問題

解答 p.21

目標時間 10 分

分

1 右の図で，六角形 ABCDEF は，1 辺の長さが 2 cm の正六角形です。この六角形の対角線 DB を半径とし，∠BDF を中心角とするおうぎ形 DBF があります。 〔秋田－改〕

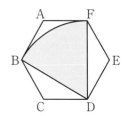

(1) ∠BDF の大きさと，BD の長さを求めなさい。

∠BDF [   ]　　BD [   ]

(2) おうぎ形 DBF の面積を求めなさい。

[   ]

2 右の図1のように，長方形 ABCD があり，AB＝2 cm，BC＝4 cm です。また，図2のように，長方形 ABCD を対角線 AC を折り目として折り返したとき，点Bが移動した点を E，辺 AD と線分 CE の交点をFとします。 〔長崎－改〕

(図1)

(1) 図1において，線分 AC の長さは何 cm ですか。

(図2)

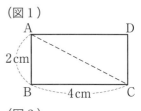

[   ]

(2) 図2において，線分 AF の長さは何 cm ですか。

[   ]

3 右の図で，三角形 ABC は AB＝AC＝6 cm，BC＝4 cm の二等辺三角形であり，点Dは辺 AC 上の点です。線分 BD の長さが最も短くなるとき，線分 BD の長さを求めなさい。 〔秋田〕

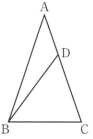

[   ]

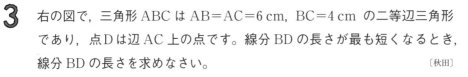
線分 BD の長さが最も短くなるのは，BD⊥AC のときである。

23 三平方の定理 (2)

図形／3年

入試重要ポイント TOP3

平面図形への利用	空間図形への利用①	空間図形への利用②
直角三角形を見つけ，三平方の定理を用いる。	立体の中に，直角三角形を見つけて高さなどを求める。	立体の展開図や投影図に三平方の定理を用いて考える。

1 平面図形への利用

右の図のように，半径 6 cm の円 O と半径 4 cm の円 O′ が接しています。共通な接線が円 O，O′ とそれぞれ点 A，B で接するとき，AB の長さを求めなさい。

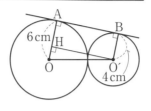

O′ から OA に垂線 O′H をひくと，

△OO′H は **直角**三角形である。
└ ∠OHO′=90°

OH＝$\underline{6-4=2}$ (cm)　OO′＝$\underline{6+4=10}$ (cm) なので，
　　└ 2円の半径の差　　　　　└ 2円の半径の和

三平方の定理より，O′H＝$\sqrt{\underline{10^2-2^2}}=\sqrt{96}=\underline{4\sqrt{6}}$ (cm)

四角形 AHO′B は長方形だから，$\underline{AB=O′H=4\sqrt{6}}$ cm
　　　　　　　　　　　　　　└ 長方形の対辺は等しい

2 空間図形への利用

次の問いに答えなさい。

(1) 右の図は，三角柱の投影図です。この三角柱の表面積を求めなさい。

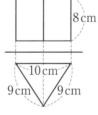

底面は二等辺三角形だから，10 cm の辺を底辺としたときの高さは，

$\sqrt{\underline{9^2-5^2}}=\sqrt{56}=\underline{2\sqrt{14}}$ (cm)

表面積は，側面積＋底面積×2 であるから，

$\underline{(9+9+10)\times 8}+\underline{\dfrac{1}{2}\times 10\times 2\sqrt{14}}\times 2=\underline{224+20\sqrt{14}}$ (cm²)
　└ 底面の周りの長さ　　└ 底面積

(2) 右の図の △ABC を，辺 AC を軸として 1 回転させてできる立体の体積を求めなさい。

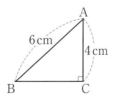

この回転体は底面の半径が BC，高さが AC＝4 cm の円錐である。

△ABC で，三平方の定理より，
└ ∠C=90° の直角三角形

BC＝$\sqrt{\underline{6^2-4^2}}=\sqrt{20}=\underline{2\sqrt{5}}$ (cm) であるから，

体積は，$\dfrac{1}{3}\times\pi\times(\underline{2\sqrt{5}})^2\times\underline{4}=\underline{\dfrac{80}{3}\pi}$ (cm³)
　　　　　　　└ 底面の半径

平面図形への利用

① 長方形の対角線
$\ell=\sqrt{a^2+b^2}$

② 弦の長さ

$AB=2AH=2\sqrt{r^2-d^2}$

空間図形への利用

① 直方体の対角線
$\ell=\sqrt{a^2+b^2+c^2}$

② 正四角錐の高さ
$BH=\dfrac{1}{2}BD=\dfrac{\sqrt{2}}{2}b$

$h=\sqrt{a^2-\left(\dfrac{\sqrt{2}}{2}b\right)^2}$

③ 円錐の高さ
$h=\sqrt{\ell^2-r^2}$

④ 球の切り口の半径
$a=\sqrt{r^2-d^2}$

1 右の図のように，半径 10 cm の円 O で，中心 O からの距離が 5 cm である弦 AB の長さを求めなさい。　〔徳島〕

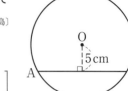

[　　　　　]

2 右の図のように，底面が 1 辺 6 cm の正方形 ABCD で，他の辺の長さがすべて 5 cm である正四角錐 OABCD があります。正四角錐 OABCD の体積を求めなさい。　〔愛媛〕

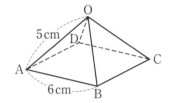

[　　　　　]

3 右の図は，AB＝3 cm，BC＝4 cm，∠ABC＝90° の直角三角形 ABC を底面とし，AD＝BE＝CF＝6 cm を高さとする三角柱です。また，点 G は辺 BC の中点です。　〔神奈川－改〕

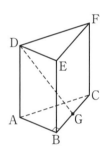

(1) この三角柱の表面積を求めなさい。

[　　　　　]

(2) この三角柱において，2 点 D，G 間の距離を求めなさい。

[　　　　　]

4 右の図のように，すべての辺の長さが 6 cm の正四面体 ABCD があり，辺 AD の中点を E とします。この正四面体を 3 点 B，C，E を通る平面で切ったとき，三角錐 ABCE の体積を求めなさい。　〔埼玉〕

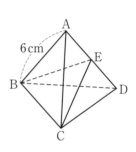

[　　　　　]

 点 E は正三角形 ABD，ACD の辺 AD の中点なので，BE⊥AD，CE⊥AD

サクッ!と入試対策 ❾

解答 p.23

目標時間 10 分

　　　　分

1 次の図で，∠x の大きさを求めなさい。

(1)　　　　　　　　　　　　〔山口〕　(2) AC は直径　　　〔鳥取〕　(3) $\overset{\frown}{AB}=\overset{\frown}{BC}=\overset{\frown}{CD}$　〔沖縄〕

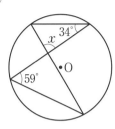

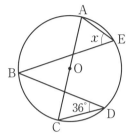

[　　　　　]　　　　　　　[　　　　　]　　　　　　　[　　　　　]

2 右の展開図において，四角形 ABCD は正方形です。この展開図を
組み立ててできる三角柱の体積は何 cm³ ですか。　〔鹿児島〕

[　　　　　]

3 右の図 1 のように，底面の半径が 1 cm，母線の長さが 3 cm の円錐が
あります。　〔富山〕

(1) この円錐の体積を求めなさい。

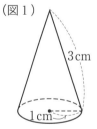

（図 1）

3 cm

1 cm

[　　　　　]

(2) この円錐の表面積を求めなさい。

[　　　　　]

(3) 右の図 2 のように，底面の円周上の点 P から円錐の側面を 1 周して，
点 P までひもをかけます。ひもの長さが最も短くなるときのひも
の長さを求めなさい。

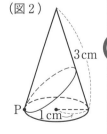

（図 2）

3 cm

P　1 cm

[　　　　　]

> 最短の長さを求める問題は，展開図をかいて考えよう。

サクッ!と入試対策 ⑩　　　　　　解答 p.23 　目標時間 10 分　　分

1 右の図1のような △ABC において，AB＝6 cm，AC＝4 cm とし，
AE：EB＝1：2，AD：DC＝3：1 とします。　　〔沖縄〕

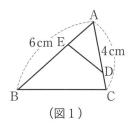
（図1）

(1) 図1において，△ABC∽△ADE であることを証明しなさい。

(2) 図1の △ABC について，辺 BC を直径とする円Oをかくと，
点 D，E でちょうど交わり，図2のようになりました。

① BD の長さを求めなさい。

[　　　　　]

② △ABC の面積を求めなさい。

[　　　　　]

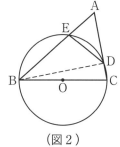
（図2）

 ③ 四角形 BCDE の面積を求めなさい。

[　　　　　]

 2 右の図のように，1辺の長さが4 cm の立方体 ABCD－EFGH が
あります。辺 EF，EH の中点をそれぞれM，Nとします。このとき，
四角形 BDNM の面積を求めなさい。なお，途中の計算も書くこと。

〔石川－改〕

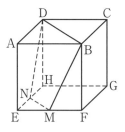

 中点連結定理より，MN∥FH∥BD がいえるから，四角形 BDNM は台形である。

24

資料の活用／1・2年

資料の整理

入試重要ポイント TOP3　[　月　日]

度数分布表	3つの代表値	四分位数
資料を同じ幅の階級に分類し，度数を整理したもの。	平均値，中央値，最頻値の求め方をそれぞれ理解する。	資料を小さい順に並べて，全体を4等分した位置の値。

1 度数分布表，ヒストグラムと代表値

(1) 右の度数分布表は，あるクラス20人
の通学時間を整理したものです。

通学時間 (分)	度数 (人)
以上　　未満	
10 ～ 20	3
20 ～ 30	5
30 ～ 40	7
40 ～ 50	4
50 ～ 60	1
計	20

① 40分以上50分未満の階級の相対
度数を求めなさい。

　　度数は <u>4</u> 人だから，<u>4</u>÷20＝<u>0.2</u>
　　　　　　　　　　　　└小数で表す

② 右のヒストグラムを完成させなさい。

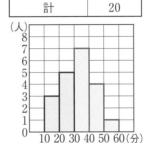

③ 通学時間の最頻値を求めなさい。

　　最頻値は，度数が最も多い階級の

　　階級値で，$\dfrac{30+40}{2}=\underline{35}$（分）
　　└階級の中央値

④ 通学時間の平均値を求めなさい。

　　($\underline{15}×3+\underline{25}×5+\underline{35}×7+\underline{45}×4+\underline{55}$
　　　　└階級値×度数
　　$×1)÷20＝\underline{650}÷20＝\underline{32.5}$（分）
　　　　　　└資料の値の合計

(2) 右の資料は，ある中学校の3
年生男子6名が行った反復横

$\boxed{59,\ 56,\ 42,\ 63,\ 57,\ 61\ （回）}$

跳びの回数を記録したものです。中央値を求めなさい。

　　資料を小さい順に並べると，42，56，57，59，61，63 だから，

　　中央値は，<u>3番目と4番目の値の平均値</u>で，$\dfrac{57+59}{2}=\underline{58}$（回）
　　　　　　└資料が偶数個のとき，中央の2つを平均する

2 四分位数と箱ひげ図

次のデータについて，次の問いに答えなさい。

　　65，73，75，79，85，87，91，96，97

(1) 四分位数を求めなさい。

　　第2四分位数は，中央値の <u>85</u>

　　第1四分位数は，65，73，75，79 の中央値で $\dfrac{73+75}{2}=\underline{74}$

　　第3四分位数は，87，91，96，97 の中央値で $\dfrac{91+96}{2}=\underline{93.5}$

(2) 四分位範囲を求めなさい。

　　第3四分位数－第1四分位数 より，93.5－74＝<u>19.5</u>

入試得点アップ

度数分布表とヒストグラム

① **度数分布表**…資料をいくつかの区間に分けて，それぞれの区間にはいる資料の個数を示した表

② **階級値**…階級の中央の値

③ **相対度数**
　$=\dfrac{ある階級の度数}{度数の合計}$

④ **ヒストグラム**…各階級の幅を底辺，度数を高さとする長方形を順に並べてかいたグラフ

代表値

① **平均値**
　$=\dfrac{資料の個々の値の合計}{資料の個数}$

② **中央値**（メジアン）
　資料を大きさの順に並べたとき，その中央にくる値

③ **最頻値**（モード）
　資料の中で，最も頻繁に現れる値

四分位数と箱ひげ図

① **第2四分位数**…中央値

② **四分位範囲**
　＝第3四分位数
　　－第1四分位数

③ **箱ひげ図**

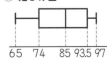

65　74　　85 93.5 97

やってみよう!入試問題

解答 p.24

目標時間 10 分

[月   日]

⑩

分

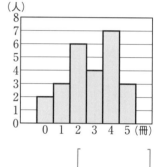

階級 (分)	度数 (人)
以上　　未満 4 ～ 8	3
8 ～ 12	13
12 ～ 16	31
16 ～ 20	22
20 ～ 24	27
24 ～ 28	13
28 ～ 32	15
32 ～ 36	11
計	135

1 右の表は，ある中学校の 3 年生 135 人の通学時間を調査し，度数分布表に整理したものです。〔愛媛〕

(1) 度数の最も多い階級の階級値を求めなさい。

[   ]

(2) 「20 分以上 24 分未満」の階級の相対度数を求めなさい。

[   ]

2 右の図は，25 人の生徒がある期間中に読んだ本の冊数を冊数別に表したヒストグラムです。次の**ア**～**エ**のうち，このヒストグラムからわかることとして正しいものはどれですか。
1 つ選び，記号を書きなさい。〔大阪〕

ア 平均値は 4 冊である。　　**イ** 最頻値は 3 冊である。

ウ 中央値は 3 冊である。　　**エ** 範囲は 4 冊である。

[   ]

3 ある野球チームが行った 15 試合の得点は，右のようになりました。この 15 試合の得点の代表値について述べた次の文中の(**ア**), (**イ**), (**ウ**)にあてはまる数を，それぞれ求めなさい。ただし，(**ア**)は小数第 2 位を四捨五入して小数第 1 位まで求めなさい。〔愛知〕

(単位：点)

9, 5, 3, 3, 5
1, 1, 2, 6, 6
3, 3, 2, 4, 0

> このチームの得点の平均値は(**ア**)点，中央値は(**イ**)点，最頻値は(**ウ**)点である。

(**ア**) [   ]　　(**イ**) [   ]　　(**ウ**) [   ]

4 次のデータは，10 人の生徒に行った 100 点満点のテストの結果である。箱ひげ図をかきなさい。

64, 81, 57, 90, 77, 70, 96, 84, 66, 85

[   ]

 最頻値は度数の最も多い階級，中央値は 13 番目の人がいる階級を考えよう。

25 確率

入試重要ポイント TOP3

場合の数	確率の求め方①	確率の求め方②
樹形図や表を用いて，起こる場合の数をすべて数える。	Aの起こる確率 $=\dfrac{\text{Aの起こる場合の数}}{\text{すべての場合の数}}$	Aの起こらない確率$=1-($Aの起こる確率$)$

---

1 カード

袋の中に $\boxed{1}$，$\boxed{2}$，$\boxed{3}$，$\boxed{4}$，$\boxed{5}$，$\boxed{6}$，$\boxed{7}$ の 7 枚のカードがある。この袋の中から 1 枚のカードを取り出すとき，そのカードが奇数である確率を求めなさい。

　7 枚のカードから 1 枚を取り出す場合の数は <u>7</u> 通り。そのうち奇数のカードは $\boxed{1}$，$\boxed{3}$，$\boxed{5}$，$\boxed{7}$ の <u>4</u> 通り。よって，求める確率は $\dfrac{4}{7}$

---

2 さいころ

大小 2 つのさいころを同時に投げるとき，出る目の数の和が 4 以下になる確率を求めなさい。

　起こりうるすべての場合の数は，<u>$6 \times 6 = 36$</u> (通り)

　出る目の和が <u>4 以下</u>になるのは (大，小)＝<u>$(1, 1)$</u>，<u>$(1, 2)$</u>，<u>$(1, 3)$</u>，
_{↳2, 3, 4}　　　　　　　　　　　_{↳大が1の目}

<u>$(2, 1)$</u>，<u>$(2, 2)$</u>，<u>$(3, 1)$</u> の <u>6</u> 通り。
_{↳大が2の目}　　　　_{↳大が3の目}

　よって，求める確率は，$\dfrac{6}{36} = \dfrac{1}{6}$

---

3 くじ

3 本が当たりくじである 5 本のくじを，A，B が 1 本ずつ続けてひくとき，2 人とも当たる確率を求めなさい。

　<u>3 本の当たりくじ</u>を①，②，③として，樹形図に表すと，
　　　_{↳はずれくじは 4, 5 とする}

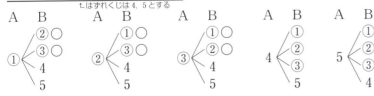

　これより，すべての場合の数は，<u>$4 \times 5 = 20$</u> (通り) あり，2 人とも当たる場合の数は，<u>$2 \times 3 = 6$</u> (通り)
　　　　　　　　_{↳上の樹形図で○のついたところ}

　よって，求める確率は，$\dfrac{6}{20} = \dfrac{3}{10}$

入試得点アップ

確率

① **確率**…あることがらの起こりやすさを表す数

② **同様に確からしい**
起こりうるすべての場合のうち，そのどれが起こることも同程度に期待できること。

③ 確率の求め方
起こりうるすべての場合の数が全部で n 通り，ことがら A の起こる場合の数が a 通りのとき，A の起こる確率 p は

$$p = \frac{a}{n}$$

④ 起こる場合の数を数えるとき，**樹形図**や表などを用いて，数えもれや重複がないようにする。

確率の性質

ことがら A の起こる確率を p とするとき，

① $0 \leqq p \leqq 1$

② A の起こらない確率は，$1 - p$

例 2 つのさいころを同時に投げるとき，異なる目が出る確率…同じ目が出る確率が $\dfrac{6}{36} = \dfrac{1}{6}$ だから，$1 - \dfrac{1}{6} = \dfrac{5}{6}$

1 2つのさいころを同時に投げるとき，出る目の数の和が5の倍数である確率はいくらですか。1から6までのどの目が出ることも同様に確からしいものとして答えなさい。〔大阪〕

[　　　　　]

2 赤玉3個，白玉4個がはいっている箱から，同時に2個の玉を取り出すとき，2個とも同じ色の玉である確率を求めなさい。ただし，どの玉の取り出し方も，同様に確からしいものとします。〔徳島〕

[　　　　　]

3 3枚の硬貨A，B，Cを同時に投げるとき，次の確率を求めなさい。

(1) 1枚が表で，2枚が裏になる確率 〔北海道〕

[　　　　　]

(2) 少なくとも1枚は裏となる確率 〔岡山〕

[　　　　　]

4 4人の生徒A，B，C，Dで1つのチームをつくり，リレーに出ることになりました。走る順番をくじ引きで決めるとき，次の問いに答えなさい。〔三重〕

(1) 走る順番は全部で何通りあるか，求めなさい。

[　　　　　]

(2) Bが第2走者でDが第3走者になる確率を求めなさい。

[　　　　　]

 「少なくとも1枚は裏」は「3枚とも表にはならない」場合と同じである。

26 資料の活用／3年
標本調査

1 全数調査と標本調査

次の調査は，全数調査と標本調査のどちらで行うのが適切ですか。その理由も答えなさい。

ア 国勢調査　　　　　　　イ 製品の品質検査
ウ 水質検査　　　　　　　エ 学校で行う健康診断

ア 全数調査…(例) 全国民について，人口，年齢などいろいろな事を調べることを目的とする調査であるため。

イ 標本調査…(例) 全部検査すると，費用がかかったり売るものがなくなってしまうため。

ウ 標本調査…(例) 母集団が無限にあるため。

エ 全数調査…(例) 生徒一人一人を診断しないと意味がないため。

2 標本調査

次の問いに答えなさい。

(1) A市では，市内すべての中学生 2100 人の中から無作為に抽出した 300 人に対して標本調査を行いました。

① A市での標本調査における標本の大きさを答えなさい。

　　資料の数が標本の大きさなので，**300** 人

② 1日あたりの家庭学習の時間が 3 時間以上と回答した人数は 24 人でした。このとき，A市内の中学生 2100 人のうち，家庭学習の時間が 3 時間以上の人数は，およそ何人と考えられるか，一の位の数を四捨五入して答えなさい。

　　標本での比率と，母集団での比率は，ほぼ等しいと考える。
A市内の生徒で，家庭学習の時間が 3 時間以上の人を x 人
とすると，$\underline{300} : \underline{24} = \underline{2100} : x$　$300x = \underline{24} \times 2100$　$x = \underline{168}$
　　　　　　└標本での比率 └母集団での比率
およそ **170** 人

(2) たくさんの碁石の中から無作為に石をつかみ出したら，白石が 18 個，黒石が 12 個ありました。これらの碁石の中には，白石が約何 % はいっていると考えられますか。

　　標本の中では白石が 18 個だから，$\underline{18} \div (\underline{18} + \underline{12}) \times \underline{100} = \underline{60}$ (%)
　　　　　└標本での白石の比率＝母集団での白石の比率と考える　　└標本

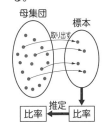

1 ある中学校の全校生徒 720 人について，数学が好きかどうか調べるために，標本調査をすることにしました。次の**ア〜ウ**で，標本の選び方として最も適切なものを記号で答えなさい。

〔沖縄〕

　ア 男子だけを選ぶ。
　イ 1 年生の中からくじ引きで 150 人を選ぶ。
　ウ 全校生徒 720 人に通し番号をつけ，乱数さいを使って 120 人を選ぶ。

[　　　　　]

2 ある工場で作った製品が 9000 個あります。この 9000 個の製品を母集団とする標本調査を行って，不良品の個数を推測します。9000 個の製品の中から 300 個の製品を無作為に抽出して調べたとき，2 個が不良品でした。この標本調査の結果から，母集団の傾向として，9000 個の製品の中には何個の不良品がふくまれていると推測されるか，求めなさい。

〔北海道〕

[　　　　　]

3 同じ大きさの白玉と黒玉があわせて 10000 個はいっている箱があります。この箱の中から，標本として 300 個の玉を無作為に取り出すと，黒玉が 75 個ふくまれていました。この箱の中の黒玉の個数を推測するとおよそ何個となりますか。最も適当なものを次の**ア〜エ**から 1 つ選び，記号で答えなさい。

〔島根〕

　ア 750 個　　　　　**イ** 1500 個　　　　　**ウ** 2500 個　　　　　**エ** 3500 個

[　　　　　]

4 袋の中にコップ 1 杯分の米粒がはいっています。この袋の中の米粒の数を推測するために，食紅で着色した赤い米粒 300 粒をこの袋の中に加え，よくかき混ぜた後，その中からひとつかみの米粒を取り出して調べたところ，米粒は全部で 336 粒あり，そのうちの 16 粒が赤い米粒でした。この結果から，最初にこの袋の中にはいっていたコップ 1 杯分の米粒の数は，およそ何粒と考えられますか。

〔宮城〕

[　　　　　]

 標本と黒玉 75 個の比が，母集団とその中の黒玉の比に等しいと考えられる。

サクッ!と入試対策 ⑪

解答 p.26

目標時間 10 分

[ ] 分

1 右の表は，ある中学校の 1 年生 35 人，2 年生 30 人が，10 月の第 4 週に学校の図書室から本を借りた人数を冊数別にまとめたものです。 〔長崎〕

冊数	1 年生 度数（人）	2 年生 度数（人）
0	5	1
1	4	5
2	6	x
3	5	y
4	8	7
5	7	3
合計	35	30

(1) 1 年生 35 人が借りた本の冊数の最頻値（モード）を求めなさい。

[ ]

(2) 1 年生 35 人が借りた本の冊数について，5 冊借りた生徒の相対度数を求めなさい。

[ ]

(3) 2 年生 30 人が借りた本の冊数の平均値が 2.8 冊のとき，x，y の値をそれぞれ求めなさい。平均値は正確な値であり，四捨五入などはされていないものとします。

[ ]

2 袋の中に，赤玉が 1 個，青玉が 2 個，白玉が 3 個はいっています。この袋の中から，同時に 2 個の玉を取り出すとき，少なくとも 1 個は白玉である確率を求めなさい。ただし，袋の中は見えないものとし，どの玉の取り出し方も同様に確からしいものとします。 〔埼玉〕

赤 白

青

[ ]

3 箱の中に青玉だけがたくさんはいっています。その箱の中に，同じ大きさの赤玉 100 個を入れ，よくかき混ぜてから 18 個の玉を無作為に取り出したところ，赤玉が 3 個ふくまれていました。最初に箱の中にはいっていた青玉は，およそ何個と推測されるか求めなさい。

〔宮崎〕

[ ]

 青玉 2 個，白玉 3 個のように，同じ色の玉が複数あるときは，玉に番号をつけて区別しよう。

サクッ！と入試対策 ⑫

解答 p.26　　目標時間 10 分　　　分

1 右の表は，A 中学校の野球部員全員の 50 m 走の記録を調査し，度数分布表にまとめたものです。表の ア，イ にあてはまる数を，それぞれ書きなさい。また，この度数分布表から，野球部員全員の 50 m 走の記録の平均値を求めなさい。　〔北海道〕

階級（秒）	階級値（秒）	度数（人）	（階級値）×（度数）
以上　未満 6.0 ～ 6.4	6.2	2	12.4
6.4 ～ 6.8	6.6	5	33.0
6.8 ～ 7.2	7.0	13	91.0
7.2 ～ 7.6	7.4	ア	イ
7.6 ～ 8.0	7.8	10	78.0
8.0 ～ 8.4	8.2	5	41.0
8.4 ～ 8.8	8.6	3	25.8
計		50	370.0

ア［　　　　　］　イ［　　　　　］　平均値［　　　　　］

2 次の確率を求めなさい。

(1) 大小 2 つのさいころを同時に投げるとき，出る目の数の和が素数になる確率　〔富山〕

［　　　　　］

(2) 箱の中に，数字を書いた 5 枚のカード 1，1，2，2，3 が入っています。これらをよくかき混ぜてから，2 枚のカードを同時に取り出すとき，それぞれのカードに書かれてる数の和が 4 となる確率　〔新潟〕

［　　　　　］

3 生徒の人数が 600 人の中学校で，無作為に抽出した 120 人に，「もし将来留学するとしたらどこの国に行きたいですか」という調査を行いました。右の表はその結果です。この中学校のすべての生徒の中で，「もし将来留学するとしたら D の国に行きたい。」と考えている生徒はおよそ何人と推測されるか，求めなさい。　〔愛知〕

行きたい国	A	B	C	D	その他の国	合計
人数（人）	45	12	9	18	36	120

［　　　　　］

同じ数字のカードは区別して考えよう。

［1 年］

★計算の順序

累乗・かっこ→乗除→加減 の順に計算する。

★分配法則

$a(b+c)=\underline{ab+ac}$, $(a+b)c=\underline{ac+bc}$

★比例式

$a:b=c:d$ ならば, $\underline{ad=bc}$

★比例・反比例の式とグラフ

比例 $y=ax$ のグラフは, 原点を通る直線

反比例 $y=\dfrac{a}{x}$ のグラフは, 原点について対称な双曲線

★図形の移動

平行移動, 対称移動, 回転移動

★柱体と錐体の体積

①柱体の体積＝底面積×高さ

②錐体の体積＝$\dfrac{1}{3}$×底面積×高さ

★半径 r の球の表面積 S, 体積 V

$S=\underline{4\pi r^2}$, $V=\underline{\dfrac{4}{3}\pi r^3}$

［2 年］

●指数法則（m, n は自然数）

$a^m a^n=\underline{a^{m+n}}$, $(a^m)^n=\underline{a^{mn}}$, $(ab)^n=\underline{a^n b^n}$

●整数の表し方

①m, n を整数とすると, 偶数は $\underline{2m}$, 奇数は $\underline{2n+1}$

②十の位を x, 一の位を y とする2けたの整数は $\underline{10x+y}$

●1次関数 $y=ax+b$ の変化の割合とグラフ

①変化の割合＝$\dfrac{y \text{の増加量}}{x \text{の増加量}}$ は一定で $\underline{a}$ に等しい。

②グラフは, 傾き $\underline{a}$, 切片 $\underline{b}$ の直線

●直線と角

2直線が平行ならば, 同位角, 錯角は等しい。

●n 角形の内角の和, 外角の和

内角の和は $\underline{180°\times(n-2)}$, 外角の和は $\underline{360°}$

●三角形の合同条件

①$\underline{3}$ 組の辺がそれぞれ等しい。

②$\underline{2}$ 組の辺とその間の角がそれぞれ等しい。

③$\underline{1}$ 組の辺とその両端の角がそれぞれ等しい。

●直角三角形の合同条件

①斜辺と1つの鋭角がそれぞれ等しい。

②斜辺と他の1辺がそれぞれ等しい。

●二等辺三角形の定理

①二等辺三角形の2つの底角は等しい。

②2つの角が等しい三角形は二等辺三角形である。

●確率の求め方

すべての起こりうる場合の数が n 通りで, ことがら A の起こる場合の数が a 通りであるとき, A の起こる確率 p は $p=\dfrac{a}{n}$, A の起こらない確率は $\underline{1-p}$

［3 年］

◆乗法公式（逆向きが因数分解の公式）

①$(x+a)(x+b)=\underline{x^2+(a+b)x+ab}$

②$(x+a)^2=\underline{x^2+2ax+a^2}$

③$(x-a)^2=\underline{x^2-2ax+a^2}$

④$(x+a)(x-a)=\underline{x^2-a^2}$

◆平方根（a, b は正の数）

①$(\pm\sqrt{a})^2=\underline{a}$, $\sqrt{a^2}=\underline{a}$

②$a<b$ ならば $\sqrt{a}\underline{<}\sqrt{b}$

③$\sqrt{a}\sqrt{b}=\underline{\sqrt{ab}}$, $\dfrac{\sqrt{a}}{\sqrt{b}}=\underline{\sqrt{\dfrac{a}{b}}}$

◆2次方程式 $ax^2+bx+c=0$ の解の公式

$x=\underline{\dfrac{-b\pm\sqrt{b^2-4ac}}{2a}}$

◆関数 $y=ax^2$ のグラフ

原点を通り, y 軸について対称な放物線

◆三角形の相似条件

①$\underline{3}$ 組の辺の比がすべて等しい。

②$\underline{2}$ 組の辺の比とその間の角がそれぞれ等しい。

③$\underline{2}$ 組の角がそれぞれ等しい。

◆平行線と線分の比

PQ∥BC ならば,

①AP：AB＝AQ：AC＝$\underline{PQ：BC}$

②AP：PB＝$\underline{AQ：QC}$

◆円周角の定理

$\angle APB=\underline{\dfrac{1}{2}}\angle AOB$, $\angle APB=\underline{\angle AQB}$

◆三平方の定理

①右の直角三角形 ABC で,

$\underline{a^2+b^2=c^2}$

②特別な直角三角形の辺の比

㋐45°, 45°, 90°

辺の比は, 1：1：$\underline{\sqrt{2}}$

㋑30°, 60°, 90°

辺の比は, 1：$\underline{\sqrt{3}}$：2

高校入試模擬テスト ❶

1 次の計算をしなさい。(6点×4)

(1) $13-(-2)^3\times7$

(2) $(\sqrt{5}+4)(\sqrt{5}-1)$

[　　　　　]

[　　　　　]

(3) $\dfrac{5x-3y}{3}-\dfrac{3x-7y}{4}$

(4) $3a^3b\times2ab^2\div(-2a)^2$

[　　　　　]

[　　　　　]

2 次の方程式を解きなさい。(8点×2)

(1) $\begin{cases} 9x-5y=-7 \\ -3x+2y=4 \end{cases}$

(2) $(x+3)(x-3)=2x-1$

[　　　　　]

[　　　　　]

3 右の図で、四角形 ABCD は 1 辺の長さが 4 cm のひし形です。点 P, Q は、それぞれ頂点 D, B を同時に出発し、点 P は毎秒 1 cm の速さで辺 AD 上を、点 Q は毎秒 3 cm の速さで辺 BC 上をくり返し往復します。点 P が頂点 D を出発してから x 秒後の AP の長さを y cm とします。(10点×2)

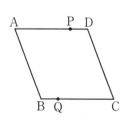

(1) 点 P が頂点 D を出発してから 12 秒後までの x と y の関係を、グラフに表しなさい。

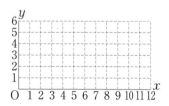

(2) 点 P, Q がそれぞれ頂点 D, B を同時に出発してから 12 秒後までに AB∥PQ となるのは何回あるか、求めなさい。

[　　　　　]

4 1つのさいころを2回投げ，1回目に出た目の数を a，2回目に出た目の数を b とします。右の図で，2点 P，Q の座標は，それぞれ $(6,1)$ と $(1,6)$ であり，R は直線 $y=\dfrac{b}{a}x$ と線分 QP との交点です。このとき，△OPR の面積が △OPQ の面積の半分以上となる確率を求めなさい。(10点)

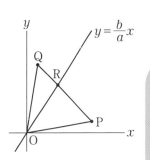

[　　　　　]

5 右の図で，四角形 ABCD はひし形，四角形 AEFD は正方形です。∠ABC＝48° のとき，∠CFE の大きさを求めなさい。(10点)

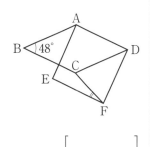

[　　　　　]

6 右の図1のように，1辺の長さが3cm の立方体があり，3点 A，B，C を通る平面で，この立方体を2つに切ります。(10点×2)

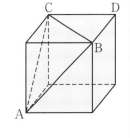
(図1)

(1) 図1の立方体の展開図が図2のようになるとき，図1の頂点 C に対応する点が，図2には2つあります。点 C を表す文字 C と，線分 AB，BC，CA を図2にかきなさい。

(図2)

(2) 図1の立方体を2つに切った立体のうち，頂点 D をふくむ立体は図3のようになります。図3の立体の体積を求めなさい。

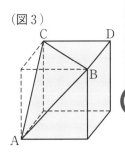
(図3)

[　　　　　]

高校入試模擬テスト ❷

解答 p.29 ｜ 20分 ｜ 70点で合格！　　　点

1 次の計算をしなさい。(7点×4)

(1) $(-3)^2+\left(-\dfrac{1}{3}\right)\times6$

(2) $(\sqrt{2}-\sqrt{3})^2+\sqrt{24}$

[　　　　　]　　　　　　　　　　　　[　　　　　]

(3) $4(2a-3b)-7(a-2b)$

(4) $(10x^2y-5xy^2)\div5xy$

[　　　　　]　　　　　　　　　　　　[　　　　　]

2 次の問いに答えなさい。(8点×4)

(1) $a=5$, $b=\dfrac{7}{3}$ のとき, $a^2-6ab+9b^2$ の値を求めなさい。

[　　　　　]

(2) 右の図のように, 円Oの周上に3点 A, B, C があり, 点Aを通る
直線 ℓ と, 点Bを通る直線 m は平行です。このとき, $\angle x$ の大き
さを求めなさい。

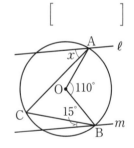

[　　　　　]

(3) 右の図のように, 関数 $y=\dfrac{1}{6}x^2$ のグラフ上に x 座標が -6
となる点Aと, x 座標が正である点Bをとり, 2点 A, B を
通る直線と y 軸との交点をCとします。AC : CB＝3 : 2 と
なるとき, 点Bの座標を求めなさい。

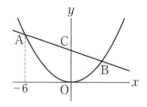

[　　　　　]

(4) 下の資料は, ある中学校の3年生男子11名が行った反復横跳びの回数を記録したもの
です。中央値を求めなさい。

63	52	61	56	42	65	58	61	55	43	49 (回)

[　　　　　]

3 2点 A，B を通る直線 ℓ と，ℓ 上にない点 C があります。これを用いて，次の ◯◯ の中の条件①～③をすべて満たす点Pを作図しなさい。ただし，作図に用いた線は消さないこと。

(8点)

① 点Pは直線 ℓ に対して，点Cと反対側にある。

② CP⊥ℓ

③ $\angle PAB = \dfrac{1}{2} \angle CAB$

4 右の図1の正方形 ABCD は，1辺の長さが 6 cm です。点 P，Q は同時にそれぞれ点 A，B を出発し，点Pは正方形の辺上を点Bを通って点Cに向かって毎秒 p cm，点Qは正方形の辺上を点 C，D の順に通って点Aまで毎秒 1 cm の速さで動くものとします。点 P，Q が出発してから，x 秒後の △APQ の面積を y cm² とします。
また，図2は，点Qが点Aまで動いたとき，x と y の関係を表したグラフの一部です。(8点×4)

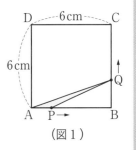

（図1）

(1) $0 \leq x \leq 6$ のとき，次の問いに答えなさい。

　① 図2は，関数 $y = ax^2$ のグラフです。このとき，a の値を求めなさい。

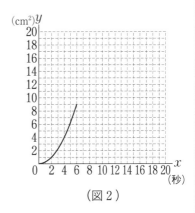

（図2）

　　［　　　　　］

　② p の値を求めなさい。

　　［　　　　　］

(2) $6 \leq x \leq 12$ のとき，y を x の式で表しなさい。

［　　　　　　］

(3) 点Qが点Aまで動くとき，x と y の関係を表すグラフを図2にかき加えなさい。

高校入試模擬テスト ❸

解答 p.31　30分　70点で合格！　　点

1 次の計算をしなさい。(4点×2)

(1) $(2-\sqrt{3})^2+\dfrac{27}{\sqrt{3}}$

(2) $(4x+y)(4x-y)-(x-5y)^2$

[　　　　　　　]　　　　[　　　　　　　]

2 次の式を因数分解しなさい。(4点×2)

(1) $a^2-3a-28$

(2) $(x+3)^2-2(x+3)-15$

[　　　　　　　]　　　　[　　　　　　　]

3 次の問いに答えなさい。(6点×2)

(1) 右の図のように，平行四辺形 ABCD の辺 BC 上に点 E があります。BA＝BE，∠ABE＝70°，∠CAE＝20° のとき，∠x の大きさを求めなさい。

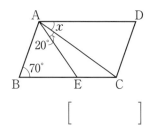

[　　　　　　　]

(2) a，b は自然数とします。2 次方程式 $x^2+ax-b=0$ の解の 1 つが $x=-3$ であるとき，a，b の値の組は 2 つあります。2 つの a，b の値の組 $(a,\ b)$ を求めなさい。

[　　　　　　　]

4 右の図1のような黒色と白色の同じ大きさの正方形のタイルがたくさんあります。下の図2のように，黒色のタイルと白色のタイルをすき間なく交互に並べて模様を作っていくとき，15 番目の模様における黒色のタイルの枚数と白色のタイルの枚数をそれぞれ求めなさい。(7点)

（図1）

黒色の　白色の
タイル　タイル

（図2）

      ……

1番目　2番目　3番目　4番目　5番目　6番目
の模様　の模様　の模様　の模様　の模様　の模様

黒色 [　　　　　　]　　白色 [　　　　　　]

5 1円硬貨, 50円硬貨, 500円硬貨がたくさんあります。硬貨の重さは, 1円硬貨が1g, 50円硬貨が4g, 500円硬貨が7g

入れた硬貨	1円	50円	1円	500円	1円	50円	1円	…
枚数の合計（枚）	1	2	3	4	5	6	7	…
金額の合計（円）	1	51	52	552	553	603	604	…
重さの合計（g）	1	5	6	13	14	18	19	…

です。これらの硬貨を, 1円硬貨, 50円硬貨, 1円硬貨, 500円硬貨の順にそれぞれ1枚ずつ貯金箱へくり返し入れていきます。貯金箱に入れた硬貨の枚数と金額と重さについて, それぞれの合計をまとめていくと, 右上の表のようになります。(7点×3)

(1) 貯金箱に入れた硬貨の枚数の合計が10枚のとき, 貯金箱に入っている硬貨の金額の合計と重さの合計をそれぞれ求めなさい。

金額 [   ]　　重さ [   ]

(2) 貯金箱の中に n 枚の50円硬貨を入れたとき, 貯金箱に入っている硬貨の重さの合計を, n を使った式で表しなさい。

[   ]

(3) 貯金箱に入れた硬貨の重さの合計が200gとなったとき, 貯金箱に入れた硬貨の金額の合計を求めなさい。

[   ]

6 右の図のような, 3から7までの整数を1つずつ書いた5枚のカードがあります。この5枚のカードをよくきっ

３ ４ ５ ６ ７

てから同時に2枚取り出し, 取り出したカードに書いてある数のうち, 大きいほうを一の位の数, 小さいほうを小数第1位の数とした小数をつくります。(6点×2)

(1) できる小数の小数第1位の数が, 3である確率を求めなさい。

[   ]

(2) できる小数の小数第1位を四捨五入して得られる数が, 7以下になる確率を求めなさい。

[   ]

7

右の図1のように，円錐状のライトが，床からの高さ300 cmの
天井からひもでつり下げられています。図1の点線は円錐の母線
を延長した直線を示しており，ライトから出た光はこの点線の内
側を進んで床を円形に照らしているものとします。図2，図3は，
天井からつり下げたライトを示したもので，図2のライトAは底
面の直径が8 cm，高さが10 cm，図3のライトBは底面の直径が
6 cm，高さが10 cmの円錐の側面を用いた形状となっています。

(8点×4)

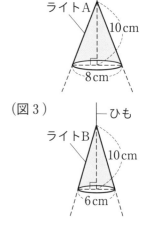

（図1）

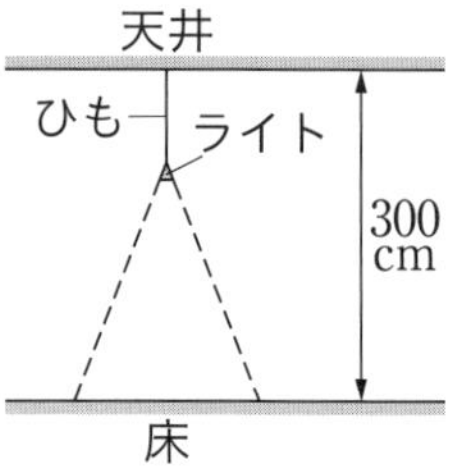

天井

ひも─ライト

300
cm

床

（図2）

─ひも

ライトA

10 cm

8 cm

（図3）

─ひも

ライトB

10 cm

6 cm

(1) ライトAをつり下げるひもの長さが100 cmのとき，このライ
トが床を照らしてできる円の直径を求めなさい。

[　　　　　　　]

(2) ライトAをつり下げるひもの長さがx cmのときにこのライト
が床を照らしてできる円の直径をy cmとします。ただし，x
の変域を $50 \leqq x \leqq 180$ とします。
① y を x の式で表しなさい。

[　　　　　　　]

② y の変域を求めなさい。

[　　　　　　　]

(3) ライトAとライトBをそれぞれ天井からひもでつり下げて，ひもの長さを変えながら2
つのライトが照らしてできる円の面積を調べました。ライトAをつり下げるひもの長さ
をx cm，ライトBをつり下げるひもの長さを$\dfrac{x}{2}$ cmとしたとき，2つのライトが照ら
してできる円の面積が等しくなるようなxの値を求めなさい。

[　　　　　　　]

中学3年間の 数学 サクッ!と10分間で総復習 チェックカード

◯ **Q1** 3つの数 -3, 2, -5 の大小関係を不等号を使って表すと？

① $-3 < 2 > -5$

② $-5 < -3 < 2$

◯ **Q2** $-(-5^2)-(-5)^2-5^2$ を計算すると？

① -25

② 25

◯ **Q3** 分速 x m で t 時間進んだときの道のりは？

① $60tx$ m

② $\dfrac{tx}{60}$ m

◯ **Q4** 定価 a 円の b 割引きが c 円であった。この関係を式に表すと？

① $a-\dfrac{b}{10}=c$

② $a-\dfrac{ab}{10}=c$

◯ **Q5** $12x^2y^4 \div (-4y^2) \div 3xy$ を計算すると？

① $-xy$

② $-9x^3y^3$

◯ **Q6** $(6x^2+4x) \div \dfrac{2}{3}x$ を計算すると？

① $9x^3+6x^2$

② $9x+6$

◯ **Q7** $3a(a-1)-2a(5-a)$ を計算すると？

① $5a^2-13a$

② a^2-13a

◯ **Q8** $(2x+3y)^2$ を展開すると？

① $4x^2+6xy+9y^2$

② $4x^2+12xy+9y^2$

◯ **Q9** $a=3$, $b=-2$ のとき、$a^2-4ab+4b^2$ の値は？

① 1

② 49

◯ **Q10** $-\sqrt{(-6)^2}$ の値は？

① -6

② 6

◯ **Q11** $\sqrt{2}+\sqrt{8}$ を計算すると？

① $\sqrt{10}$

② $3\sqrt{2}$

A1 ②

解説　3つの数の大小関係を表すとき，不等号は同じ向きにして使う。$2 > -3 > -5$ でもよい。

覚えてる?　負の数では，絶対値の大きい方が小さい。

A3 ①

解説　t 時間 $= 60 \times t = 60t$ （分）

道のり＝速さ×時間より，$x \times 60t = 60tx$ （m）

覚えてる?　道のりを求めるとき，速さと時間の単位をそろえる。

A2 ①

解説　$-(-5^2) - (-5)^2 - 5^2$

$= -(-25) - (+25) - 25$

$= 25 - 25 - 25 = -25$

覚えてる?　$-(-a^2) = +a^2$，$-(-a)^2 = -(+a^2)$ $= -a^2$　**指数**の位置に注意する。

A5 ①

解説　$12x^2y^4 \div (-4y^2) \div 3xy$

$= -\dfrac{12x^2y^4}{4y^2 \times 3xy} = -xy$

覚えてる?　除法は乗法になおして計算する。

$A \div B \div C = A \times \dfrac{1}{B} \times \dfrac{1}{C} = \dfrac{A}{B \times C}$

A4 ②

解説　b 割を式で表すと $\dfrac{b}{10}$ なので，

a 円の b 割は $a \times \dfrac{b}{10} = \dfrac{ab}{10}$ （円）

覚えてる?　**定価×（1－割引率）＝売価** より，

$a\left(1 - \dfrac{b}{10}\right) = c$ でもある。

A7 ①

解説　$3a(a-1) - 2a(5-a)$

$= 3a^2 - 3a - 10a + 2a^2$

$= 5a^2 - 13a$

覚えてる?　分配法則を使ってかっこをはずすときは，符号に注意する。

A6 ②

解説　$(6x^2 + 4x) \div \dfrac{2}{3}x = (6x^2 + 4x) \div \dfrac{2x}{3}$

$= (6x^2 + 4x) \times \dfrac{3}{2x} = 9x + 6$

覚えてる?　多項式÷単項式は，逆数を使って乗法になおす。$(A + B) \div C = (A + B) \times \dfrac{1}{C} = \dfrac{A}{C} + \dfrac{B}{C}$

A9 ②

解説　式を因数分解してから代入する。

$a^2 - 4ab + 4b^2 = (a - 2b)^2$

$= \{3 - 2 \times (-2)\}^2 = 7^2 = 49$

覚えてる?　負の数を代入するときは，かっこをつける。

A8 ②

解説　$(2x + 3y)^2$

$= (2x)^2 + 2 \times 3y \times 2x + (3y)^2$

$= 4x^2 + 12xy + 9y^2$

覚えてる?　和の平方の乗法公式 $(x + a)^2 = x^2 + 2ax + a^2$ を正しく使う。

A11 ②

解説　$\sqrt{2} + \sqrt{8} = \sqrt{2} + 2\sqrt{2} = 3\sqrt{2}$

覚えてる?　$\sqrt{a} \times \sqrt{b} = \sqrt{ab}$ であるが，$\sqrt{a} + \sqrt{b} = \sqrt{a+b}$ ではない。

A10 ①

解説　$-\sqrt{(-6)^2} = -\sqrt{36} = -6$

覚えてる?　$a > 0$ のとき，$\sqrt{a^2} = a$，$-\sqrt{(-a)^2} = -\sqrt{a^2} = -a$

○ **Q12** $\sqrt{2} \times 3 \times \sqrt{6}$ を計算すると？

① $3\sqrt{12}$

② $6\sqrt{3}$

○ **Q13** $\dfrac{6}{\sqrt{2}} - \sqrt{6} \times (-2\sqrt{3})$ を計算すると？

① $9\sqrt{2}$

② $-3\sqrt{2}$

○ **Q14** 方程式 $\dfrac{x}{3} - \dfrac{x-2}{6} = 1$ の解は？

① $x=4$

② $x=8$

○ **Q15** 連立方程式 $\begin{cases} x-3y=5 \\ 2x-3y=-2 \end{cases}$ の解のうち，x の値は？

① $x=-7$

② $x=1$

○ **Q16** 2次方程式 $(x+2)(x-5)=0$ の解は？

① $x=2,-5$

② $x=-2,5$

○ **Q17** 2次方程式 $2x^2+5x+1=0$ の解は？

① $x=\dfrac{-5\pm\sqrt{17}}{4}$

② $x=\dfrac{-5\pm\sqrt{17}}{2}$

○ **Q18** y が x に比例し，$x=2$ のとき $y=-6$ である。$y=2$ のときの x の値は？

① $x=-\dfrac{2}{3}$

② $x=-\dfrac{3}{2}$

○ **Q19** (1) $y=\dfrac{6}{x}$ と (2) $y=-\dfrac{6}{x}$ について，(2)のグラフはどちら？

① ア

② イ

○ **Q20** $y=-\dfrac{2}{3}x+1$ で，x の変域が $-3\leqq x\leqq 3$ のときの y の変域は？

① $-3\leqq y\leqq 1$

② $-1\leqq y\leqq 3$

○ **Q21** $y=-2x+4$ のグラフが x 軸と交わる点の座標は？

① $(0,4)$

② $(2,0)$

○ **Q22** 関数 $y=2x^2$ で，x の変域が $-1\leqq x\leqq 2$ のときの y の変域は？

① $2\leqq y\leqq 8$

② $0\leqq y\leqq 8$

○ **Q23** 関数 $y=x^2$ で，x の値が -5 から -3 まで増加するときの変化の割合は？

① -8

② 8

A13 ①

解説 $\dfrac{6}{\sqrt{2}}-\sqrt{6}\times(-2\sqrt{3})=\dfrac{6\sqrt{2}}{2}+2\sqrt{18}$

$=3\sqrt{2}+2\times3\sqrt{2}=3\sqrt{2}+6\sqrt{2}=9\sqrt{2}$

覚えてる? 分母の有理化　$\dfrac{b}{\sqrt{a}}=\dfrac{b\times\sqrt{a}}{\sqrt{a}\times\sqrt{a}}=\dfrac{b\sqrt{a}}{a}$

A12 ②

解説 $\sqrt{2}\times3\times\sqrt{6}=3\sqrt{12}=3\times2\sqrt{3}$

$=6\sqrt{3}$

覚えてる? √の中の数はできるだけ小さくしておく。
$a>0$，$b>0$のとき，$\sqrt{a^2b}=a\sqrt{b}$

A15 ①

解説 yの項は同符号なので、
ひき算をする。

$\begin{array}{r}x-3y=5\\ -)\ 2x-3y=-2\\ \hline -x\quad=7\end{array}$

覚えてる? 加減法で消去する項が同符号ならひき算，異
符号ならたし算をする。

A14 ①

解説 $\dfrac{x}{3}\times6-\dfrac{x-2}{6}\times6=1\times6$

分子の$x-2$全体に負の符号がかかる。右辺も6倍する。

$2x-(x-2)=6$　$2x-x+2=6$　$x=4$

覚えてる? 分数の式で分母をはらうと，前の符号が分子
全体にかかる。

A17 ①

解説 解の公式に$a=2$，$b=5$，$c=1$を代入して，

$x=\dfrac{-5\pm\sqrt{5^2-4\times2\times1}}{2\times2}=\dfrac{-5\pm\sqrt{17}}{4}$

覚えてる? $ax^2+bx+c=0$の解の公式は，

$x=\dfrac{-b\pm\sqrt{b^2-4ac}}{2a}$

A16 ②

解説 $(x+2)(x-5)=0$ より，

$x+2=0$，$x-5=0$

よって，$x=-2,5$

覚えてる? $AB=0$ ならば，$A=0$ または$B=0$ である。

A19 ②

解説 反比例 $y=-\dfrac{a}{x}$ のグラフは右の図
のようになる。

覚えてる? 反比例 $y=\dfrac{a}{x}$ のグラフは，原点について対称
な**双曲線**である。

A18 ①

解説 比例の式 $y=ax$に，$x=2$，$y=-6$を代入する。

$-6=2a$ より，$a=-3$　$y=-3x$ に$y=2$を代入して，$2=-3x$　$x=-\dfrac{2}{3}$

覚えてる? 比例の関係 $y=ax$ では
$a=\dfrac{y}{x}$（xとyの**商**が一定）

A21 ②

解説 $y=-2x+4$ に$y=0$を代入して，

$0=-2x+4$　$2x=4$　$x=2$

よって，$(2,0)$

覚えてる? x軸上の点のy座標は0である。

A20 ②

解説 xの変域の両端の値を代入する。

$x=-3$のとき$y=3$，$x=3$のとき$y=-1$

大小関係に注意して，$-1\leqq y\leqq3$

覚えてる? 1次関数では，xの変域の両端の値に対応す
る値を求める。

A23 ①

解説 変化の割合$=\dfrac{(-3)^2-(-5)^2}{-3-(-5)}=\dfrac{9-25}{2}=\dfrac{-16}{2}$

$=-8$

覚えてる? **変化の割合$=\dfrac{y\text{の増加量}}{x\text{の増加量}}$**

A22 ②

解説 $x=0$のとき$y=2\times0^2=0$

$x=2$のとき$y=2\times2^2=8$より，

$0\leqq y\leqq8$

覚えてる? $y=ax^2(a>0)$のxの変域に0がふくまれ
ているときのyの最小値は0（$x=0$のとき）

Q24 関数 $y=ax^2$ のグラフと1辺6の正方形があるとき、a の値は？

① $a=\dfrac{2}{3}$

② $a=\dfrac{3}{2}$

Q25 おうぎ形の面積は？

① $3\pi\,cm^2$

② $6\pi\,cm^2$

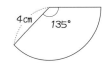

Q26 直方体 ABCD－EFGH で、辺 AB とねじれの位置にある辺は何本？

① 5本

② 4本

Q27 直角三角形 ABC を、辺 AC を軸として1回転してできる立体は？

① 三角錐

② 円　錐

Q28 円錐の展開図で、アの長さは？

① 4cm

② 3cm

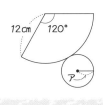

Q29 半径3cmの球の体積は？

① $12\pi\,cm^3$

② $36\pi\,cm^3$

Q30 正 n 角形の1つの内角の大きさを求める式は？

① $\dfrac{360°}{n}$

② $\dfrac{180°\times(n-2)}{n}$

Q31 △ABP≡△DCP の合同条件は？

① 2組の辺とその間の角

② 3組の辺

Q32 △ABD≡△ACD の合同条件は？

① 斜辺と他の1辺

② 1組の辺とその両端の角

Q33 四角形 ABCD で、AB＝CD、AD∥BC のとき、平行四辺形といえる？

① いえる

② いえない

Q34 DE∥BC のとき、x の値は？

① $x=6$

② $x=10$

Q35 ∠C＝∠BDE のとき、x の値は？

① $x=12$

② $x=14$

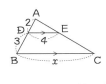

A25 ②

解説 おうぎ形の面積は，

$$\pi \times 4^2 \times \frac{135}{360} = 16\pi \times \frac{3}{8} = 6\pi \ (\text{cm}^2)$$

覚えてる？ 半径 r，中心角 $a°$ のおうぎ形の面積は，

$$\pi r^2 \times \frac{a}{360}$$

A24 ①

解説 OD=3，AD=6より，A（3，6）

$y=ax^2$ に $x=3$，$y=6$ を代入して，$6=9a$　$a=\frac{2}{3}$

覚えてる？ $y=ax^2$ のグラフは y 軸について対称なので，

$$OD = \frac{1}{2}CD$$

A27 ②

解説 右の図のような円錐ができる。

覚えてる？ 1直線を軸として図形を1回転させてできる立体を**回転体**という。

A26 ②

解説 辺ABとねじれの位置にある辺は，辺DH，CG，EH，FGの4本。

覚えてる？ 平行でなく，交わらない2直線の位置関係を**ねじれの位置にある**という。

A29 ②

解説 球の体積は，

$$\frac{4}{3}\pi \times 3^3 = \frac{4}{3}\pi \times 3 \times 3 \times 3 = 36\pi \ (\text{cm}^3)$$

覚えてる？ 半径 r の球の体積は $\frac{4}{3}\pi r^3$，表面積は $4\pi r^2$ である。

A28 ①

解説 $2\pi \times 12 \times \frac{120}{360} = 2\pi \times ア$ より，

$$ア = 12 \times \frac{1}{3} = 4 \ (\text{cm})$$

覚えてる？ 側面のおうぎ形の弧の長さと底面の円周は等しい。

A31 ①

解説 AP=DP，BP=CP，∠APB=∠DPCより，①がいえる。

覚えてる？ 対頂角は等しい。
$$\angle a = \angle b$$

A30 ②

解説 正 n 角形の内角の和は $180° \times (n-2)$ だから，1つの内角の大きさは $\dfrac{180° \times (n-2)}{n}$

覚えてる？ 正 n 角形の1つの外角の大きさは $\dfrac{360°}{n}$

A33 ②

解説 右の図のように平行四辺形にならないときもある。

覚えてる？ 四角形が平行四辺形になる条件は全部で5つある。

A32 ①

解説 ∠ABD=∠ACD=90°，ADは共通，BD=CDより，①がいえる。

覚えてる？ 直角三角形の場合は，直角三角形の合同条件も考える。

A35 ②

解説 △ABC∽△EBD だから，AB：EB=AC：ED
x：7=10：5　x=14

覚えてる？ 相似な図形では，対応する辺の比は等しい。
AB：DB=AC：EDではない。

A34 ②

解説 AD：AB=DE：BC より，2：（2+3）=4：x
$2x$=20　x=10

覚えてる？ DE：BC=AD：DBではないことに注意する。

Q36 ĐE//BCのとき、△AĐEと
四角形ĐBCEの面積の比は？

① 1:9

② 1:8

Q37 ∠xは何度？

① 80°

② 65°

Q38 直角三角形で、xの値は？

① $2\sqrt{10}$

② $4\sqrt{2}$

Q39 直角三角形で、xの値は？

① $4\sqrt{3}$

② 4

Q40 次の①、②の長さをそれぞれ3辺
とする三角形で、直角三角形はど
ちら？

① 4cm, 5cm, 6cm

② 3cm, 4cm, 5cm

Q41 円Oで、弦ABの長さは？

① $2\sqrt{6}$ cm

② $4\sqrt{6}$ cm

Q42 1辺6cmの正四角錐の体積はいく
ら？

① $36\sqrt{2}$ cm^3

② $32\sqrt{2}$ cm^3

Q43 度数が12の階級の相対度数が
0.25のとき、資料全体の度数は？

① 60

② 48

Q44 5人の中からそうじ係を2人選ぶ
ときの選び方は何通り？

① 20通り

② 10通り

Q45 大小2つのさいころを同時に投げ
るとき、目の和が5になる確率は？

① $\dfrac{1}{9}$

② $\dfrac{1}{8}$

Q46 A、B、C3枚のコインを投げる。
少なくとも1枚は表が出る確率は？

① $\dfrac{5}{6}$

② $\dfrac{7}{8}$

Q47 国勢調査は、全数調査と標本調査
のどちらが適切？

① 全数調査

② 標本調査

A37 ②

解説 △OBCは二等辺三角形だから，
∠BOC=180°−25°×2=130°
円周角の定理より，∠x=130°÷2=65°

覚えてる？ 円の半径は等しいから，△OBCは二等辺三角形である。

A36 ②

解説 △ADE∽△ABCで相似比1：3より，面積比は
1^2：3^2=1：9 △ADEと四角形DBCEの面積比は
1：(9−1)=1：8

覚えてる？ 相似な図形の面積比は，相似比の**2乗**に等しい。

A39 ①

解説 $x=8×\dfrac{\sqrt{3}}{2}=4\sqrt{3}$

覚えてる？ 30°，60°，90°の直角三角形の辺の比は，
1：$\sqrt{3}$：2である。

A38 ②

解説 直角三角形で，三平方の定理より，
$x^2=6^2-2^2=32$ $x>0$より，$x=\sqrt{32}=4\sqrt{2}$

覚えてる？ 直角三角形では
$a^2+b^2=c^2$ が成り立つ。

A41 ②

解説 AH=$\sqrt{7^2-5^2}=\sqrt{24}=2\sqrt{6}$（cm）より，
AB=$2×2\sqrt{6}=4\sqrt{6}$（cm）

覚えてる？ 円の中心から弦にひいた垂線は弦を2等分する。

A40 ②

解説 ①$4^2+5^2>6^2$，②$3^2+4^2=5^2$
よって，三平方の定理の逆より，②が直角三角形である。

覚えてる？ 3辺 a, b, c（c が最大辺）の三角形で，
$a^2+b^2=c^2$が成り立てば，直角三角形である。

A43 ②

解説 相対度数は，ある階級の度数が資料全体の度数に対して占める割合。度数12が全体の0.25（25％）にあたるので，全体の度数は，12÷0.25=48

覚えてる？ 相対度数＝$\dfrac{ある階級の度数}{度数の合計}$

A42 ①

解説 AC=$6\sqrt{2}$cmより，AH=$3\sqrt{2}$cm
△OAHで，高さOH=$\sqrt{6^2-(3\sqrt{2})^2}=\sqrt{18}=3\sqrt{2}$（cm）
よって，体積は，$\dfrac{1}{3}×6^2×3\sqrt{2}=36\sqrt{2}$（cm³）

覚えてる？ 錐体の体積は，$\dfrac{1}{3}×底面積×高さ$

A45 ①

解説 目の出方は全部で，6×6=36（通り）
目の和が5になるのは(1,4)(2,3)(3,2)(4,1)の4通りなので，確率は$\dfrac{4}{36}=\dfrac{1}{9}$

覚えてる？ Aの確率＝$\dfrac{Aの起こる場合の数}{起こりうるすべての場合の数}$

A44 ②

解説 5人をそれぞれA，B，C，D，Eとすると，選び方は
AB，AC，AD，AE，BC，BD，BE，CD，CE，DEの10通りある。

覚えてる？ 仮に，委員長と副委員長のように異なる委員を選ぶ場合は20通りである。

A47 ①

解説 国勢調査は，国の人口やその分布などを正確に知るための調査だから，全数調査をする。

覚えてる？ 全体のおよそのようすを知ることができればいい場合は，標本調査をする。

A46 ②

解説 全部の出方は2×2×2=8（通り）で，3枚とも裏が出るのは1通りなので，求める確率は$1-\dfrac{1}{8}=\dfrac{7}{8}$

覚えてる？ 「少なくとも～」のように，場合が多いときは，残りの確率を1からひく。

中学**3**年間の**数学**
解 答 編

1 正の数・負の数

本文 p.2

1 (1) -2 cm

   (2) -2, -1, 0, 1, 2

2 (1) -2 (2) $-\dfrac{11}{18}$ (3) $-\dfrac{5}{3}$ (4) $-\dfrac{9}{10}$

   (5) $\dfrac{2}{15}$ (6) -7 (7) -11 (8) 6

   (9) 16 (10) 16

解説

1 (1) 今日の水位は昨日の水位より 2 cm 低い。
つまり，昨日の水位は今日の水位より 2 cm 高いから，昨日の水位は，$-4+2=-2$（cm）

(2) $\dfrac{7}{3}=2\dfrac{1}{3}$ だから，$-2\dfrac{1}{3}$ より大きく $2\dfrac{1}{3}$ より
小さい整数は，-2，-1，0，1，2

2 (1) $1+(-5)-(-2)=1-5+2$
    $=3-5=-2$

(2) $\left(-\dfrac{5}{6}\right)+\dfrac{2}{9}=-\dfrac{15}{18}+\dfrac{4}{18}=-\dfrac{11}{18}$

(3) $4\times\left(-\dfrac{5}{12}\right)=-\dfrac{4\times5}{12}=-\dfrac{5}{3}$

(4) $\left(-\dfrac{3}{4}\right)\div\dfrac{5}{6}=-\dfrac{3}{4}\times\dfrac{6}{5}=-\dfrac{9}{10}$

(5) $-\dfrac{1}{5}+\dfrac{5}{6}\div\dfrac{5}{2}=-\dfrac{1}{5}+\dfrac{5}{6}\times\dfrac{2}{5}$

    $=-\dfrac{1}{5}+\dfrac{1}{3}=-\dfrac{3}{15}+\dfrac{5}{15}=\dfrac{2}{15}$

POINT 四則計算では，①累乗・かっこの中の計算 ②乗除の計算 ③加減の計算の順にする。

(6) $\left(\dfrac{2}{5}-3\right)\times10+19=\dfrac{2}{5}\times10-3\times10+19$
    $=4-30+19=-30+23=-7$

(7) $(-2)^3\div4-3^2=-8\div4-9$
    $=-2-9=-11$

(8) $(-3)^2\times(-2)-6\times(-2^2)$
    $=9\times(-2)-6\times(-4)$
    $=-18+24=6$

(9) $6\div\left(-\dfrac{2}{3}\right)+(-5)^2=6\times\left(-\dfrac{3}{2}\right)+25$
    $=-9+25=16$

(10) $\dfrac{15}{4}\times\left(-\dfrac{4}{3}\right)^2\div\dfrac{5}{12}=\dfrac{15}{4}\times\dfrac{16}{9}\times\dfrac{12}{5}=16$

---

2 文字と式

本文 p.4

1 (1) $\dfrac{7}{8}a$ (2) $6x+4$ (3) $-12x+1$

   (4) $x+9$ (5) $3a-8$ (6) $\dfrac{4a+7}{15}$

2 (1) $\dfrac{x}{4}$ 時間 (2) $7a$ 円

3 (1) $25-7x=y$ (2) $-3x-5<7$

解説

1 (1) $a-\dfrac{1}{2}a+\dfrac{3}{8}a=\left(\dfrac{8}{8}-\dfrac{4}{8}+\dfrac{3}{8}\right)a=\dfrac{7}{8}a$

(2) $8x-3-2x+7=8x-2x-3+7$
   $=6x+4$

(3) $-3(x+2)+(7-9x)=-3x-6+7-9x$
   $=-12x+1$

(4) $4(x+2)-(3x-1)=4x+8-3x+1$
   $=x+9$

POINT かっこをはずす計算で，かっこの前が−のときは，かっこの中の各項の符号を変えてはずすこと。$-(a-b)=-a+b$

(5) $5(3a+2)-3(4a+6)$
   $=15a+10-12a-18$
   $=3a-8$

(6) $\dfrac{3a-1}{5}-\dfrac{a-2}{3}$

   $=\dfrac{3(3a-1)-5(a-2)}{15}$

   $=\dfrac{9a-3-5a+10}{15}$

   $=\dfrac{4a+7}{15}$

2 (1) 時間＝道のり÷速さ より，かかった時間は，
$x\div4=\dfrac{x}{4}$（時間）

(2) 売価＝定価×（1−割引率）だから，
1 個の品物の代金は，$a\times(1-0.3)=0.7a$（円）
よって，10 個の代金は，$0.7a\times10=7a$（円）

3 (1) x m のテープ 7 本分の長さは $7x$ m であるから，$25-7x=y$

(2) x に -3 をかけて 5 をひいた数は $-3x-5$ で，この数が 7 より小さいから，不等号 < を使って，$-3x-5<7$

3 式の計算

本文 p.6

1 (1)$2x+y$　(2)$-x^2-3x$　(3)$\dfrac{x-7y}{12}$

(4)$-2a^2b$　(5)$-2b^2$　(6)$-48b$

2 (1)4　(2)24

3 (1)$b=\dfrac{6a-1}{3}$　(2)$c=3a-2b$

解 説

1 (1)$2(3x-y)-(4x-3y)$
$=6x-2y-4x+3y$
$=2x+y$

(2)$(2x^2-5x)-(3x^2-2x)$
$=2x^2-5x-3x^2+2x$
$=-x^2-3x$

(3)$\dfrac{x-3y}{4}+\dfrac{-x+y}{6}=\dfrac{3(x-3y)+2(-x+y)}{12}$
$=\dfrac{3x-9y-2x+2y}{12}=\dfrac{x-7y}{12}$

(4)$3ab^2\times4a^2\div(-6ab)$
$=-\dfrac{3ab^2\times4a^2}{6ab}=-2a^2b$

(5)$5a^2b^2\div10a^2b\times(-4b)$
$=-\dfrac{5a^2b^2\times4b}{10a^2b}=-2b^2$

(6)$8a\times(-6ab^3)\div(-ab)^2$
$=8a\times(-6ab^3)\div a^2b^2$
$=-\dfrac{8a\times6ab^3}{a^2b^2}=-48b$

2 (1)式を簡単にすると,
$3(4x-y)-(2x-5y)$
$=12x-3y-2x+5y$
$=10x+2y$
この式に $x=\dfrac{4}{5}$, $y=-2$ を代入して,
$10\times\dfrac{4}{5}+2\times(-2)=8-4=4$

(2)$16a^2b\div(-4a)=-\dfrac{16a^2b}{4a}=-4ab$
この式に $a=3$, $b=-2$ を代入して,
$-4\times3\times(-2)=24$

3 (1)$6a-3b=1$　$-3b=-6a+1$
両辺を -3 でわって, $b=\dfrac{6a-1}{3}\left(b=2a-\dfrac{1}{3}\right)$

(2)左辺と右辺を入れかえて, $\dfrac{2b+c}{3}=a$
両辺に 3 をかけて, $2b+c=3a$　$c=3a-2b$

POINT 等式をある文字について解くとき, 等式の性質を用いて式の変形をおこなう。

4 多項式

本文 p.8

1 (1)$8a-3b$　(2)$15x+9$　(3)$2a^2+7$
(4)$5x^2-x-7$

2 (1)$(x-7)^2$　(2)$2(x+6)(x-4)$
(3)$(x-7)(x+3)$
(4)$(a+b+4)(a+b-4)$
(5)$(3x+7)(3x-7)$
(6)$(x-4)(x+4)$

解 説

1 (1)$(48a^2-18ab)\div6a$
$=\dfrac{48a^2}{6a}-\dfrac{18ab}{6a}=8a-3b$

(2)$(x+3)^2-x(x-9)$
$=x^2+6x+9-x^2+9x$
$=15x+9$

(3)$(a+2)^2+(a-1)(a-3)$
$=a^2+4a+4+a^2-4a+3$
$=2a^2+7$

(4)$(2x+1)(2x-1)+(x+2)(x-3)$
$=4x^2-1+x^2-x-6$
$=5x^2-x-7$

2 (1)$x^2-14x+49$
$=x^2-2\times7\times x+7^2=(x-7)^2$

(2)$2x^2+4x-48$
$=2(x^2+2x-24)$
$=2(x+6)(x-4)$

(3)$(x+2)(x-6)-9$
$=x^2-4x-12-9$
$=x^2-4x-21$
$=(x-7)(x+3)$

(4)$a+b=A$ とおくと,
$(a+b)^2-16=A^2-4^2$
$=(A+4)(A-4)$
$=(a+b+4)(a+b-4)$

3

$(a+b)^2=a^2+2ab+b^2$ とかっこの式を展開しないで，$a+b=A$ と1つの文字でおきかえよう。そうすると因数分解の公式が使える。

(5) $(3x+1)^2-2(3x+25)$
  $=9x^2+6x+1-6x-50$
  $=9x^2-49=(3x)^2-7^2$
  $=(3x+7)(3x-7)$

(6) $x+1=A$ とおくと，
  $(x+1)^2-2(x+1)-15$
  $=A^2-2A-15=(A-5)(A+3)$
  $=(x+1-5)(x+1+3)$
  $=(x-4)(x+4)$

5 平方根

本文 p.10

1 (1) $7\sqrt{2}$ (2) $4\sqrt{2}$ (3) $4\sqrt{3}$ (4) $\sqrt{6}$
  (5) $4+2\sqrt{15}$ (6) $4+\sqrt{3}$
2 (1) ア (2) $a=6,\ 7$ (3) 1 (4) $n=98$

解　説

1 (1) $\sqrt{50}+\sqrt{8}$
  $=5\sqrt{2}+2\sqrt{2}=7\sqrt{2}$

(2) $\sqrt{6}\times\sqrt{3}+\sqrt{6}\div\sqrt{3}=\sqrt{18}+\sqrt{2}$
  $=3\sqrt{2}+\sqrt{2}=4\sqrt{2}$

(3) $\sqrt{27}+\dfrac{3}{\sqrt{3}}=3\sqrt{3}+\dfrac{3\times\sqrt{3}}{\sqrt{3}\times\sqrt{3}}$
  $=3\sqrt{3}+\dfrac{3\sqrt{3}}{3}=3\sqrt{3}+\sqrt{3}$
  $=4\sqrt{3}$

(4) $\sqrt{54}-4\sqrt{6}+\dfrac{12}{\sqrt{6}}$
  $=3\sqrt{6}-4\sqrt{6}+\dfrac{12\sqrt{6}}{6}$
  $=3\sqrt{6}-4\sqrt{6}+2\sqrt{6}$
  $=\sqrt{6}$

(5) $(\sqrt{3}+\sqrt{5})(3\sqrt{3}-\sqrt{5})$
  $=\sqrt{3}\times3\sqrt{3}-\sqrt{3}\times\sqrt{5}$
  $\ \ +\sqrt{5}\times3\sqrt{3}-\sqrt{5}\times\sqrt{5}$
  $=9-\sqrt{15}+3\sqrt{15}-5=4+2\sqrt{15}$

(6) $\dfrac{9}{\sqrt{3}}+(\sqrt{3}-1)^2$
  $=\dfrac{9\sqrt{3}}{3}+(3-2\sqrt{3}+1)$

  $=3\sqrt{3}+4-2\sqrt{3}=4+\sqrt{3}$

2 (1) ア～エの数をそれぞれ2乗して比べる。
  ア $\left(\dfrac{2}{\sqrt{3}}\right)^2=\dfrac{4}{3}=\dfrac{12}{9}$　イ $\left(\dfrac{\sqrt{2}}{3}\right)^2=\dfrac{2}{9}$
  ウ $\left(\sqrt{\dfrac{2}{3}}\right)^2=\dfrac{2}{3}=\dfrac{6}{9}$　エ $\left(\dfrac{2}{3}\right)^2=\dfrac{4}{9}$
  よって，アが最も大きい。

(2) $\sqrt{5}<\sqrt{a}<2\sqrt{2}$ より，$\sqrt{5}<\sqrt{a}<\sqrt{8}$
  a は自然数だから，$5<a<8$ より，$a=6,\ 7$

(3) $9<10<16$ より，$3<\sqrt{10}<4$
  よって，$\sqrt{10}$ の整数部分は3で，小数部分 a は
  $a=\sqrt{10}-3$
  $a(a+6)=(\sqrt{10}-3)(\sqrt{10}-3+6)$
  $=(\sqrt{10}-3)(\sqrt{10}+3)$
  $=10-9=1$

(4) $\sqrt{72}=6\sqrt{2}$ より，
  $\dfrac{\sqrt{72n}}{7}=\dfrac{6\sqrt{2n}}{7}=6\times\sqrt{\dfrac{2n}{49}}$
  これが自然数となるためには，$n=2\times49=98$
  となればよい。

$\sqrt{a^2}=a\ (a>0)$ であるから，$\sqrt{2n}$ が自然数となるには，$n=2\times a^2\ (a$ は自然数) となればよい。

サクッ！と入試対策 ①

本文 p.11

1 (1) -3 (2) 13 (3) 12 (4) $7\sqrt{3}$
  (5) $-8x^3$ (6) $8x-25$
2 (1) $2x(y+3)(y-3)$
  (2) $(x-9)(x-8)$
3 (1) $a=3b-150$
  (2) $x^2-10xy+25y^2=(x-5y)^2$
  $=\left(\dfrac{5}{2}-5\times\dfrac{3}{2}\right)^2$
  $=\left(\dfrac{5}{2}-\dfrac{15}{2}\right)^2$
  $=(-5)^2=25$
  (3) $a=5$

解　説

1 (1) $-10-(-7)=-10+7=-3$

(2)$-5+(-3)^2\times2$
$\quad=-5+9\times2=-5+18=13$

(3)$(\sqrt{8}+\sqrt{2})(\sqrt{32}-\sqrt{8})$
$\quad=(2\sqrt{2}+\sqrt{2})(4\sqrt{2}-2\sqrt{2})$
$\quad=3\sqrt{2}\times2\sqrt{2}=12$

(4)$\sqrt{48}+\dfrac{9}{\sqrt{3}}=4\sqrt{3}+\dfrac{9\times\sqrt{3}}{\sqrt{3}\times\sqrt{3}}$
$\quad=4\sqrt{3}+\dfrac{9\sqrt{3}}{3}=4\sqrt{3}+3\sqrt{3}$
$\quad=7\sqrt{3}$

(5)$(-2x)^2\div3xy\times(-6x^2y)$
$\quad=4x^2\div3xy\times(-6x^2y)$
$\quad=-\dfrac{4x^2\times6x^2y}{3xy}=-8x^3$

(6)$(x+3)(x-3)-(x-4)^2$
$\quad=x^2-9-(x^2-8x+16)$
$\quad=x^2-9-x^2+8x-16$
$\quad=8x-25$

POINT －(　)²や－(　)(　)の形の計算では符号のミスが多い。必ず展開した式をかっこでくくっておいてから，再度かっこをはずそう。

2 (1)$2xy^2-18x=2x(y^2-9)$
$\quad=2x(y+3)(y-3)$

(2)$x-5=A$ とおくと，
$\quad(x-5)^2-7(x-5)+12$
$\quad=A^2-7A+12$
$\quad=(A-4)(A-3)$
$\quad=(x-5-4)(x-5-3)$
$\quad=(x-9)(x-8)$

3 (1)70点，80点，a点の平均点がb点だから，
$\quad\dfrac{70+80+a}{3}=b$
$\quad150+a=3b\quad a=3b-150$

(3)自然数aで，$51-7a>0$ つまり，$51>7a$
より，$a=1$，2，3，4，5，6，7
このときの$51-7a$の値を求めると，

a	1	2	3	4	5	6	7
$51-7a$	44	37	30	23	16	9	2

よって，$51-7a$の値が自然数を2乗した数，つまり，1，4，9，16，25，……になっていればよいので，$a=5$，6
このうち最も小さい数を求めるので，$a=5$
このとき，$\sqrt{51-7a}=\sqrt{16}=4$

サクッ！と入試対策 ②

本文 p.12

1 (1)-1　(2)$3\sqrt{2}-2\sqrt{6}$　(3)$-10xy$
(4)$4a-3b$

2 (1)エ
(2)$3x^2y-6xy-24y$
$\quad=3y(x^2-2x-8)$
$\quad=3y(x-4)(x+2)$
(3)$8\sqrt{6}$　(4)$n=75$

解説

1 (1)$\left(\dfrac{1}{4}-\dfrac{1}{3}\right)\times12$
$\quad=\dfrac{1}{4}\times12-\dfrac{1}{3}\times12$
$\quad=3-4=-1$

(2)$\sqrt{6}(\sqrt{3}-4)+\sqrt{24}$
$\quad=3\sqrt{2}-4\sqrt{6}+2\sqrt{6}$
$\quad=3\sqrt{2}-2\sqrt{6}$

(3)$5x^2y\div(-4xy)\times8y$
$\quad=-\dfrac{5x^2y\times8y}{4xy}=-10xy$

(4)$(7a-4b)+\dfrac{1}{2}(2b-6a)$
$\quad=7a-4b+b-3a$
$\quad=4a-3b$

2 (1)買い物の代金は $3a+2b$（円）で，おつりがもらえたから，ア，イ，ウは正しい。エでは，ノート2冊買ったとき，残りのお金で鉛筆3本が買えないことを示している。
よって，エが適当でない。

(2)因数分解では，まず共通因数をくくり出せるかどうかを調べ，次に因数分解の公式を使う。

(3)式を先に因数分解してから，代入する。
$\quad a^2-b^2=(a+b)(a-b)$
ここで，$a+b=(2+\sqrt{6})+(2-\sqrt{6})=4$
$a-b=(2+\sqrt{6})-(2-\sqrt{6})=2\sqrt{6}$ だから，
$a^2-b^2=4\times2\sqrt{6}=8\sqrt{6}$

(4)$\dfrac{n}{15}$ と $\sqrt{3n}$ がともに整数となるためには，n は15($=3\times5$)の倍数で $n=3\times a^2$（aは自然数）となればよい。よって，$a=5$ ならば，
$n=3\times5^2=75$ となり，これが条件を満たす最小の自然数である。

6　1次方程式

本文 p.14

1 (1)$x=-2$　(2)$x=-6$　(3)$x=8$

　　(4)$x=-10$　(5)$x=-17$　(6)$x=\dfrac{7}{2}$

2 73

3 272 ページ

(解説)

1 (1)$x-1=3x+3$　$x-3x=3+1$

　　$-2x=4$　$x=-2$

(2)$3x-24=2(4x+3)$

　　$3x-24=8x+6$

　　$3x-8x=6+24$

　　$-5x=30$　$x=-6$

(3)$x+3.5=0.5(3x-1)$

　　両辺に 10 をかけて，係数を整数にする。

　　$10x+35=5(3x-1)$

　　$10x+35=15x-5$

　　$10x-15x=-5-35$

　　$-5x=-40$　$x=8$

(4)$\dfrac{4}{5}x+3=\dfrac{1}{2}x$

　　両辺に 10 をかけて，分母をはらう。

　　$10\left(\dfrac{4}{5}x+3\right)=\dfrac{1}{2}x\times10$　$8x+30=5x$

　　$8x-5x=-30$　$3x=-30$　$x=-10$

(5)$\dfrac{x-4}{3}+\dfrac{7-x}{2}=5$

　　両辺に 6 をかけて，分母をはらう。

　　$6\left(\dfrac{x-4}{3}+\dfrac{7-x}{2}\right)=5\times6$

　　$2(x-4)+3(7-x)=30$

　　$2x-8+21-3x=30$

　　$-x=30+8-21$

　　$-x=17$　$x=-17$

(6)$2:5=3:(x+4)$

　　比例式の性質を使って，

　　$2(x+4)=5\times3$

　　$2x+8=15$

　　$2x=7$　$x=\dfrac{7}{2}$

2 2けたの自然数の十の位の数を x とすると，この数は $10x+3$ と表される。

十の位の数と一の位の数を入れかえた数は，$30+x$

$10x+3=2(30+x)-1$

$10x+3=60+2x-1$

$10x-2x=59-3$

$8x=56$　$x=7$

よって，2けたの自然数は，73

> **POINT** 十の位の数が x，一の位の数が y である 2けたの自然数は $10x+y$ で表される。また，十の位の数と一の位の数を入れかえてできる数は $10y+x$ である。

3 全体のページ数を x ページとすると，

$x=\dfrac{1}{4}x+\left(x-\dfrac{1}{4}x\right)\times\dfrac{1}{2}+102$

両辺に 8 をかけて，

$8x=2x+3x+816$

$3x=816$　$x=272$

よって，全体のページ数は 272 ページ

7　連立方程式

本文 p.16

1 (1)$x=1$, $y=2$　(2)$x=-1$, $y=5$

　　(3)$x=-1$, $y=2$

　　(4)$x=-1$, $y=-2$

　　(5)$x=50$, $y=-30$

　　(6)$x=3$, $y=-1$

2 (1)$\begin{cases} x+y=14 \\ 200x+130y=2380 \end{cases}$

　　(2)ケーキ…8 個，

　　　シュークリーム…6 個

(解説)

1 (1)～(5)で，上の式を①，下の式を②とする。

(1)①　　　　　$4x-3y=-2$

　②×3　$+)\ 9x+3y=15$

　　　　　　　$13x\ \ \ \ =13$　$x=1$

　②に $x=1$ を代入して，

　$3\times1+y=5$　$y=2$

　よって，$x=1$, $y=2$

(2)①を②に代入して，

　$4x+3(3x+8)=11$

　$4x+9x+24=11$

$13x=11-24$

$13x=-13$ $x=-1$

①に $x=-1$ を代入して，

$y=3×(-1)+8=5$

よって，$x=-1$，$y=5$

(3)②を①に代入して，

$3(1-y)+4y=5$

$3-3y+4y=5$ $y=2$

②に $y=2$ を代入して，

$x=1-2=-1$

よって，$x=-1$，$y=2$

(4)②×20 $4x-3y=2$ …②′

$$
\begin{array}{r}
②′ \qquad 4x-\ 3y=\quad 2 \\
①×4 \quad -)4x+\ 8y=-20 \\
\hline
-11y=\ 22 \quad y=-2
\end{array}
$$

①に $y=-2$ を代入して，

$x+2×(-2)=-5$ $x=-1$

よって，$x=-1$，$y=-2$

(5)①×10 $2x+3y=10$ …①′

②×10 $5x-2(2x-y)=-10$

$x+2y=-10$ …②′

$$
\begin{array}{r}
②′×2 \qquad 2x+4y=-20 \\
①′ \qquad -)2x+3y=\quad 10 \\
\hline
y=-30
\end{array}
$$

①′に $y=-30$ を代入して，

$2x+3×(-30)=10$

$2x-90=10$

$2x=100$ $x=50$

よって，$x=50$，$y=-30$

POINT ②は両辺に 10 をかけて分母をはらう。
右辺に 10 をかけるのを忘れやすいので注意しよう。
また，$-\dfrac{2x-y}{5}×10$ は分子にかっこをつけて，
$-2(2x-y)=-4x+2y$ と計算しよう。

(6) $\begin{cases} 2x-y=7 & \text{…①} \\ 3x+2y=7 & \text{…②} \end{cases}$ を解く。

$$
\begin{array}{r}
①×2 \qquad 4x-2y=14 \\
② \qquad +)3x+2y=\ 7 \\
\hline
7x\quad =21 \quad x=3
\end{array}
$$

①に $x=3$ を代入して，

$2×3-y=7$ $-y=1$ $y=-1$

よって，$x=3$，$y=-1$

2 (1)個数の関係から，$x+y=14$ …①

代金の関係から，$200x+130y=2380$ …②
の連立方程式ができる。

(2)①×200 $200x+200y=2800$

$$
\begin{array}{r}
② \qquad -)200x+130y=2380 \\
\hline
70y=\ 420 \quad y=6
\end{array}
$$

①に $y=6$ を代入して，$x+6=14$ $x=8$

よって，ケーキ 8 個，シュークリーム 6 個

8 2次方程式

本文 p.18

1 (1)$x=2±\sqrt{6}$ (2)$x=1$，-7

(3)$x=-6$，1 (4)$x=6$

(5)$x=\dfrac{-1±\sqrt{5}}{2}$ (6)$x=5$，-1

2 (1)$a=-6$ (2)①$a=10$ ②$x=-3$

解 説

1 (1)$(x-2)^2=6$

平方根の考えを使って，

$x-2=±\sqrt{6}$ $x=2±\sqrt{6}$

(2)$(x+3)^2-16=0$

$(x+3)^2=16$

平方根の考えを使って，

$x+3=±4$ $x=-3±4$ より，

$x=-3+4=1$

$x=-3-4=-7$

POINT (1), (2)のように，$(x±○)^2=$数 となって
いる 2 次方程式は，かっこをはずさないで，平方
根の考えを使って解を求めること。

(3)$x^2+5x-6=0$

左辺を因数分解して，

$(x+6)(x-1)=0$ より，

$x+6=0$，$x-1=0$

よって，$x=-6$，1

(4)$x^2-12x+36=0$

左辺を因数分解して，

$(x-6)^2=0$

$x-6=0$ $x=6$

(5)$x^2+x-1=0$

2 次方程式の解の公式 $x=\dfrac{-b±\sqrt{b^2-4ac}}{2a}$

に，$a=1$，$b=1$，$c=-1$ を代入して，

7

$$x=\frac{-1\pm\sqrt{1^2-4\times1\times(-1)}}{2\times1}=\frac{-1\pm\sqrt{5}}{2}$$

(6) $x(x+6)=5(2x+1)$
$x^2+6x=10x+5$
$x^2+6x-10x-5=0$
$x^2-4x-5=0$
$(x-5)(x+1)=0$
$x=5,\ -1$

2 (1) 2次方程式 $x^2-x+a=0$ に $x=3$ を代入して，
$9-3+a=0$　$a=-6$

(2) ① $(x+1)(x-2)=a$ に $x=4$ を代入して，
$(4+1)\times(4-2)=a$
$a=5\times2=10$

② ①より，$(x+1)(x-2)=10$
$x^2-x-2=10$
$x^2-x-12=0$
$(x-4)(x+3)=0$
$x=4,\ -3$
よって，もう1つの解は，$x=-3$

サクッ！と入試対策 ③

本文 p.19

1 (1) $x=4$　(2) $x=2,\ y=1$
2 9 cm
3 75
4 $\begin{cases} x+y=380 & \cdots① \\ 0.05x+0.03y=15 & \cdots② \end{cases}$

①×5　　　 $5x+5y=1900$
②×100 $-)\ 5x+3y=1500$
　　　　　　　$2y=\ \ 400$
　　　　　　　　$y=\ \ 200$

$y=200$ を①に代入して，$x=180$
よって，昨年度の男子は180人，女子
は200人

5 $x^2+ax+8=0$ に $x=4$ を代入して，
$16+4a+8=0$　$4a=-24$　$a=-6$
$a=-6$ をもとの方程式に代入して，
$x^2-6x+8=0$　$(x-2)(x-4)=0$
$x=2,\ x=4$
よって，もう1つの解は $x=2$

解 説

1 (1) $x+6=2(x+1)$　$x+6=2x+2$
$x-2x=2-6$
$-x=-4$　$x=4$

(2) 上の式を①，下の式を②とする。②を①に代入して，
$x+3x-5=3$
$4x=8$　$x=2$
$x=2$ を②に代入して，$y=3\times2-5=1$
よって，$x=2,\ y=1$

2 長方形の縦の長さを x cm とすると，横の長さは，$2x$ cm
まわりの長さが54 cm だから，
$2(x+2x)=54$　$3x=27$　$x=9$
よって，縦の長さは 9 cm

3 もとの整数の十の位の数を x，一の位の数を y とする。
このとき，この2けたの整数は $10x+y$ と表される。
よって，
$\begin{cases} x+y=12 & \cdots① \\ 10y+x=10x+y-18 & \cdots② \end{cases}$
②より，$-9x+9y=-18$
両辺を9でわって，$-x+y=-2$　…②′
②′　　$-x+\ y=-2$
①　$+)\ \ x+\ y=12$
　　　　　　 $2y=\ 10$　$y=5$
$y=5$ を①に代入して，$x+5=12$　$x=7$
したがって，もとの整数は 75

4 昨年度の生徒の人数と，増加した生徒の人数で連立方程式をつくる。

POINT　もとになる量×割合＝比べる量　の公式を使って，昨年度の男子の人数×0.05＝増えた男子の人数　となる。女子も同様である。

サクッ！と入試対策 ④

本文 p.20

1 (1) $x=10$　(2) $x=\dfrac{5\pm\sqrt{13}}{2}$
2 $a=3,\ b=1$
3 2秒後と8秒後
4 7

1 (1)$(x-4):3=x:5$

　$5(x-4)=3x$　$5x-20=3x$

　$2x=20$　$x=10$

(2)$x^2-2x=3(x-1)$　$x^2-2x=3x-3$

　$x^2-5x+3=0$

　解の公式より，

　$x=\dfrac{-(-5)\pm\sqrt{(-5)^2-4\times1\times3}}{2\times1}$

　　$=\dfrac{5\pm\sqrt{13}}{2}$

2 連立方程式に $x=-1$，$y=2$ を代入して，

　$\begin{cases} -2a+2b=-4 &\cdots① \\ -a-2b=-5 &\cdots② \end{cases}$

　①＋② より，$-3a=-9$　$a=3$

　$a=3$ を①に代入して，$-6+2b=-4$

　$2b=2$　$b=1$

　よって，$a=3$，$b=1$

3 $DP=20-2x$ (cm)，$DQ=3x$ cm だから，

　x 秒後の △PDQ の面積が 48 cm^2 となるとき，

　$\dfrac{1}{2}\times(20-2x)\times3x=48$

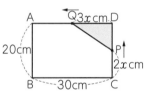

　$x(10-x)=16$

　$-x^2+10x-16=0$

　$x^2-10x+16=0$

　$(x-2)(x-8)=0$

　$x=2,\ 8$

　これは，$0<x<10$ なので，問題に適している。

　よって，2 秒後と 8 秒後

4 小さいほうの自然数を x，大きいほうの自然数

　を $x+1$ とする。

　このとき，$x^2+(x+1)^2=113$

　$x^2+x^2+2x+1=113$

　$2x^2+2x-112=0$

　両辺を 2 でわって，

　$x^2+x-56=0$

　$(x+8)(x-7)=0$

　$x=-8,\ 7$

　x は自然数だから，$x=-8$ は問題に適していない。

　よって，小さいほうの自然数は 7

> POINT　連続する自然数の差は 1 だから，この 2
> つの自然数を x，$x+1$ として 2 次方程式をつくる。
> 答えは自然数なので，求めた解のうち，自然数の
> 解だけが答えになる。

9 比例・反比例

本文 p.22

1 (1)$y=10$　(2)$y=4$　(3)$-\dfrac{15}{2}$

　(4)$y=\dfrac{12}{x}$

2 (1)2　(2)$y=\dfrac{1}{3}x$　(3)35cm^2

　(4)12 個

1 (1)y は x に比例するから，$y=ax$ とおく。

　$x=3$，$y=-6$ を代入して，

　$-6=3a$　$a=-2$

　よって，$y=-2x$

　これに $x=-5$ を代入して，

　$y=-2\times(-5)=10$

(2)y は x に反比例するから，$y=\dfrac{a}{x}$ とおく。

　$x=2$，$y=-14$ を代入して，

　$-14=\dfrac{a}{2}$　$a=2\times(-14)=-28$

　よって，$y=-\dfrac{28}{x}$

　これに，$x=-7$ を代入して，$y=-\dfrac{28}{-7}=4$

> 別解　反比例の関係では，x と y の積が一定だか
> ら，$2\times(-14)=-28$
> よって，$y=-28\div(-7)=4$

(3)$x=-3$，$y=2$ を $y=ax$ に代入して，

　$2=-3a$　$a=-\dfrac{2}{3}$

　よって，$y=-\dfrac{2}{3}x$

　これに，$y=5$ を代入して，

　$5=-\dfrac{2}{3}x$　$15=-2x$　$2x=-15$

　$x=-\dfrac{15}{2}$

(4)$y=\dfrac{a}{x}$ に，$x=1$，$y=12$ を代入して，

　$12=\dfrac{a}{1}$　$a=12$

　よって，$y=\dfrac{12}{x}$

2 (1)点Bの x 座標が 6 であるから，$y=\dfrac{12}{x}$ に

$x=6$ を代入して，

$y=\dfrac{12}{6}=2$

(2)点Bの座標が $(6, 2)$ で，原点を通る直線だから，$y=ax$ に $x=6$，$y=2$ を代入して，

$2=6a \quad a=\dfrac{1}{3}$

よって，$y=\dfrac{1}{3}x$

(3)右の図の長方形の面積から，3つの直角三角形の面積をひく。

△OAB

$=12\times6-\dfrac{1}{2}\times12\times1$

$\quad-\dfrac{1}{2}\times5\times10-\dfrac{1}{2}\times6\times2$

$=72-6-25-6$

$=35 \,(\text{cm}^2)$

(4)12の約数は 1，2，3，4，6，12

よって，x 座標と y 座標の値がともに正の整数の点は，

$(1, 12)$，$(2, 6)$，$(3, 4)$，$(4, 3)$，$(6, 2)$，$(12, 1)$ の6個。

負の整数の点も $(-1, -12)$ など6個ある。

よって，x 座標，y 座標の値がともに整数である点は，全部で $6\times2=12$（個）

[POINT] 整数には負の整数もある。正の整数の点 $(1, 12)$ などだけでなく，x，y 座標がともに負の整数になる点 $(-1, -12)$，$(-2, -6)$ なども忘れないようにしよう。

10 1次関数 (1)

本文 p.24

1 (1)$y=\dfrac{2}{3}x+1$

(2)**右の図**

(3)$-1\leqq y\leqq2$

2 (1)10

(2)$y=-\dfrac{1}{2}x+1$

3 (1)$y=-\dfrac{2}{3}x+6$ (2)$-4\leqq b\leqq1$

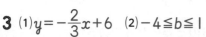

(解 説)

1 (1)グラフより，傾き $\dfrac{2}{3}$，切片 1 だから，1次関数の式は，$y=\dfrac{2}{3}x+1$

(2)y 軸上の点 $(0, 1)$ と，この点から右へ6，上へ5移動した点 $(6, 6)$ を通る直線をひく。

(3)$y=-\dfrac{1}{5}x+1$ に，$x=-5$，$x=10$ をそれぞれ代入する。

$x=-5$ のとき，$y=-\dfrac{1}{5}\times(-5)+1=2$

$x=10$ のとき，$y=-\dfrac{1}{5}\times10+1=-1$

よって，y の変域は，$-1\leqq y\leqq2$

2 (1)1次関数 $y=\dfrac{5}{3}x+2$ の変化の割合は，$\dfrac{5}{3}$ である。

y の増加量＝変化の割合×x の増加量 だから，

y の増加量$=\dfrac{5}{3}\times6=10$

[POINT] 1次関数 $y=ax+b$ の変化の割合は a である。また，変化の割合＝$\dfrac{y \text{ の増加量}}{x \text{ の増加量}}$ であるから，y の増加量$=a\times x$ の増加量 となる。

(2)x の増加量が2のときの y の増加量が-1だから，この1次関数の変化の割合は，$\dfrac{-1}{2}=-\dfrac{1}{2}$

よって，$y=-\dfrac{1}{2}x+b$ とおき $x=0$，$y=1$ を代入する。

$1=-\dfrac{1}{2}\times0+b \quad b=1$ より，$y=-\dfrac{1}{2}x+1$

[POINT] 切片は $x=0$ のときの y の値だから，$b=1$ とわかる。この問題では，式に代入して求めなくてもよい。

3 (1)A$(3, 4)$，B$(6, 2)$ を通る直線の式を $y=ax+b$ とおく。

2点A，Bの座標を代入して，

$\begin{cases} 4=3a+b \\ 2=6a+b \end{cases}$

この連立方程式を解いて，

$a=-\dfrac{2}{3}$，$b=6$

よって，$y=-\dfrac{2}{3}x+6$

(2)直線 $y=x+b$ は，傾き
1 の直線で y 軸と b で交
わる。

右の図から，点 A，点 B
を通るときの b の値を求
めればよい。

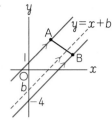

直線 $y=x+b$ が点 A(3，4) を通るとき，
$4=3+b$　$b=1$

直線 $y=x+b$ が点 B(6，2) を通るとき，
$2=6+b$　$b=-4$

よって，$-4 \leqq b \leqq 1$

---

11 1次関数 (2)

本文 p.26

1 (1)-2
(2)**右の図**
(3)$\left(-\dfrac{3}{2}，\dfrac{1}{3}\right)$

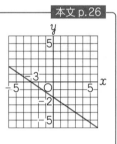

2 (1)$3x$ cm
(2)**3 秒後と 9 秒後**

解説

1 (1)$4x+2y=5$　$2y=-4x+5$

$y=-2x+\dfrac{5}{2}$

よって，直線の傾きは，-2

(2)$2x+3y+6=0$　$3y=-2x-6$

$y=-\dfrac{2}{3}x-2$

よって，グラフは，

傾き$-\dfrac{2}{3}$，切片-2 の直線である。

(3)連立方程式 $\begin{cases} y=\dfrac{2}{3}x+\dfrac{4}{3} \\ y=-\dfrac{1}{2}x-\dfrac{5}{12} \end{cases}$ を解くと，

$\dfrac{2}{3}x+\dfrac{4}{3}=-\dfrac{1}{2}x-\dfrac{5}{12}$

$8x+16=-6x-5$

$14x=-21$

$x=-\dfrac{3}{2}$

$x=-\dfrac{3}{2}$ を上の式に代入して，

$y=\dfrac{2}{3}\times\left(-\dfrac{3}{2}\right)+\dfrac{4}{3}=-1+\dfrac{4}{3}=\dfrac{1}{3}$

よって，交点の座標は，$\left(-\dfrac{3}{2}，\dfrac{1}{3}\right)$

POINT 2直線 $y=ax+b$ …①，$y=a'x+b'$ …②
の交点の座標は，連立方程式①，②の解である。
$ax+b=a'x+b'$ を解いて，x 座標を求める。

2 グラフから，

点Pの速さは，毎秒 $\dfrac{15}{5}=3$ (cm)

点Qの速さは，毎秒 $\dfrac{15}{7.5}=\dfrac{30}{15}=2$ (cm)

(1)点Pが点 D に向かっているとき，点Pは毎秒 3
cm の速さで動くから，AP$=3x$ cm

(2)四角形 ABQP は，高さが 6 cm の台形である。

四角形 ABQP の面積が長方形の面積の $\dfrac{1}{2}$ にな

るには，AP+BQ$=$(AD+BC)$\div 2=15$ (cm)
となればよい。

㋐$0 \leqq x \leqq 5$ のとき，

AP$=3x$ cm，BQ$=2x$ cm だから，

$2x+3x=15$　$5x=15$　$x=3$

㋑$5 \leqq x \leqq 7.5$ のとき，

AP$=30-3x$ (cm)，BQ$=2x$ cm だから，

$30-3x+2x=15$　$x=15$

これは，問題に適していない。

㋒$7.5 \leqq x \leqq 10$ のとき，

AP$=30-3x$ (cm)，BQ$=30-2x$ (cm) だか
ら，

$(30-3x)+(30-2x)=15$

$60-5x=15$

$-5x=-45$　$x=9$

㋓$10 \leqq x \leqq 15$ のとき，

AP$=0$ cm より，四角形 ABQP をつくること
はできない。

したがって，㋐〜㋓より，3 秒後と 9 秒後

---

12 関数 $y=ax^2$ (1)

本文 p.28

1 (1)$y=18$　(2)$a=2$　(3)$a=1$
2 (1)**ア**　(2)**エ，3**
3 (1)$-9 \leqq y \leqq 0$　(2)$a=-\dfrac{3}{2}$

解説

1 (1) $y=ax^2$ に $x=1$, $y=2$ を代入して,
$2=a\times1^2$　$a=2$
よって, $y=2x^2$
この式に $x=3$ を代入して, $y=2\times3^2=18$

(2) y の変域より, グラフは上に開いている。よって, x の変域のうち, 最も絶対値が大きいのは $x=-2$ なので, $y=8$ になることがわかる。
これを, $y=ax^2$ に代入して,
$8=a\times(-2)^2$　$4a=8$　$a=2$

(3) $x=a$ のとき $y=a^2$,
$x=a+5$ のとき $y=(a+5)^2$
変化の割合は,
$$\frac{(a+5)^2-a^2}{a+5-a}=\frac{a^2+10a+25-a^2}{5}$$
$$=\frac{10a+25}{5}=2a+5$$
よって, $2a+5=7$　$2a=2$　$a=1$

別解 変化の割合を求める公式 (p.27 の入試得点アップ) を使うと,
変化の割合は, $1\times(a+a+5)=2a+5$
よって, $2a+5=7$　$a=1$

2 (1) $y=\dfrac{1}{2}x^2$ のグラフは, $x=2$ のとき $y=2$ であるから, 点 $(2, 2)$ を通る。
よって, **ア**

(2) **ア**, **イ**では, x の値が -2 から -1 まで増加するとき, y の値は減少する。
よって, **ア**, **イ**の変化の割合は負の値をとる。
これに対して, **ウ**, **エ**は, y の値も増加するから, 変化の割合は正の値で, **ウ**よりも**エ**のほうが大きい。

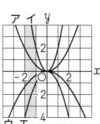

よって, 変化の割合が最も大きいのは**エ**で, グラフから $x=-2$ のとき $y=-4$, $x=-1$ のとき $y=-1$ をとる。
したがって, **エ**の変化の割合は,
$$\frac{-1-(-4)}{-1-(-2)}=\frac{3}{1}=3$$

3 (1) $a=-1$ のとき, 関数の式は $y=-x^2$
$-3\leqq x\leqq1$ で
$x=-3$ のとき, $y=-(-3)^2=-9$
x の変域に 0 をふくむので, $x=0$ のとき, 最

大値 $y=0$ をとる。
よって, $-9\leqq y\leqq0$

(2) $A(-3, 9a)$, $B(1, a)$ であるから, 変化の割合は,
$$\frac{a-9a}{1-(-3)}=\frac{-8a}{4}=-2a$$
よって, $-2a=3$　$a=-\dfrac{3}{2}$

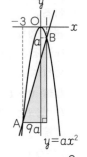

別解 $y=ax^2$ で, $-3\leqq x\leqq1$ での変化の割合は,
$a\times(-3+1)=-2a$ より, $-2a=3$　$a=-\dfrac{3}{2}$

POINT 2点 A, B 間の変化の割合は, 2点を通る直線 AB の傾きに等しい。

13 関数 $y=ax^2$ (2)

本文 p.30

1 (1) ① $y=x^2$
② $y=-2x+8$
グラフは右の図

(2) $x=\dfrac{8}{3}$

2 (点Aの x 座標を a とすると,) y 座標は $y=\dfrac{1}{4}\times a^2=\dfrac{1}{4}a^2$
よって, $A\left(a, \dfrac{1}{4}a^2\right)$
点Bの x 座標は点Aの x 座標に等しく, ⑦のグラフ上にあるから, $B(a, a^2)$
よって, 点Cは点Bと y 軸について対称だから, $C(-a, a^2)$
四角形 ABCD が正方形であるから,
$AB=BC$
$AB=a^2-\dfrac{1}{4}a^2=\dfrac{3}{4}a^2$
$BC=a-(-a)=2a$ であるから,
$\dfrac{3}{4}a^2=2a$　$3a^2=8a$　$3a^2-8a=0$
$a(3a-8)=0$　$a=0, \dfrac{8}{3}$
$a>0$ より, $a=\dfrac{8}{3}$

よって，点Aのx座標は$\dfrac{8}{3}$

解　説

1 (1)① $0 \leqq x \leqq 2$ のとき，
点Pは AB 上をBに向か
い，点Qは AD 上をDに
向かう。

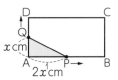

$AP = 2x$ cm，$AQ = x$ cm より，

$y = \dfrac{1}{2} \times 2x \times x = x^2$

② $2 \leqq x \leqq 4$ のとき，点P
は BA 上をAに向かい，
点Qは DC 上をCに向か
う。

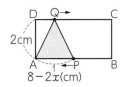

$AP = 8 - 2x$ (cm) より，

$y = \dfrac{1}{2} \times (8 - 2x) \times 2 = -2x + 8$

(2) $0 < x \leqq 2$ では，$QA = QP$ にはならない。
$2 < x < 4$ において，$AP = 8 - 2x$ (cm)，
$DQ = 2(x-2)$cm
右の図のように，点Qから
辺 AB に垂線 QH をひく。
$QA = QP$ の二等辺三角形
になるとき，$DQ = AH$ で

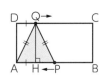

あり，$AH = \dfrac{1}{2}AP = 4 - x$ (cm) であるから，

$2(x-2) = 4 - x$　$2x - 4 = 4 - x$　$3x = 8$

$x = \dfrac{8}{3}$

これは，$2 < x < 4$ なので，問題に適している。

2

POINT　y軸に平行な直線上にある2点のx座標
は等しく，x軸に平行な直線上にある2点のy座標
は等しい。

サクッ！と入試対策 ⑤

本文 p.31

1 (1)$a = 18$，$p = -2$　(2)$\dfrac{18}{5} \leqq y \leqq 18$

2 (1)$y = -2x + 3$　(2)$a = \dfrac{2}{3}$　(3)$a = -2$

解　説

1 (1)点Aのx座標が3で，
$y = 2x$ のグラフ上にあ
るから，$y = 2 \times 3 = 6$
点Aは関数⑦のグラフ上
にもあるから，$y = \dfrac{a}{x}$ に

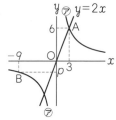

$x = 3$，$y = 6$ を代入して，

$6 = \dfrac{a}{3}$　$a = 3 \times 6 = 18$

関数⑦のグラフ上の点Bの座標が $(-9, p)$ だ

から，$y = \dfrac{18}{x}$ に代入して，$p = \dfrac{18}{-9} = -2$

(2)$y = \dfrac{18}{x}$ に，$x = 1$，$x = 5$
をそれぞれ代入すると，

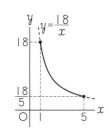

$y = \dfrac{18}{1} = 18$，$y = \dfrac{18}{5}$

であるから，yの変域は，

$\dfrac{18}{5} \leqq y \leqq 18$

2 (1)A，Bのx座標がそれぞれ -3，1であるか
ら，A，Bのy座標は，$y = x^2$ に-3，1を代
入して，$y = (-3)^2 = 9$，$y = 1^2 = 1$
よって，A$(-3, 9)$，B$(1, 1)$
2点A，Bを通る直線の式を $y = ax + b$ とする
と，次の連立方程式ができる。

$\begin{cases} 9 = -3a + b \\ 1 = a + b \end{cases}$

この連立方程式を解いて，

$a = -2$，$b = 3$
よって，$y = -2x + 3$

(2)xの変域が $-3 \leqq x \leqq 2$ のとき，
yの変域が $0 \leqq y \leqq 6$ より，
$x = -3$ のとき，$y = 6$ である。

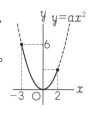

よって，$y = ax^2$ に代入して，
$6 = a \times (-3)^2$　$6 = 9a$

$a = \dfrac{2}{3}$

(3)1次関数 $y = -8x + 7$ の変化の割合は-8
$y = ax^2$ で，$x = 1$ のとき $y = a$，$x = 3$ のとき
$y = 9a$ であるから，

変化の割合は，$\dfrac{9a - a}{3 - 1} = \dfrac{8a}{2} = 4a$

よって，$4a = -8$　$a = -2$

サクッ！と入試対策 ⑥

本文 p.32

1 (1)8 個 (2)毎秒 18 m

2 (1)4 (2)C(6, 9) (3)$y=\dfrac{1}{2}x+6$

   (4)P(4, 8)

解説

1 (1)$y=\dfrac{8}{x}$ のグラフは, 右の図のような双曲線である。

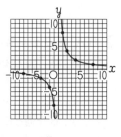

8 の約数は, 1, 2, 4, 8 と 4 個あるから, x 座標, y 座標がともに整数である点は,

(1, 8), (2, 4), (4, 2), (8, 1), (−1, −8), (−2, −4), (−4, −2), (−8, −1)

の 8 個

(2)ボールがころがりはじめてから 2 秒後, 4 秒後までにころがる距離は, それぞれ

$y=3\times2^2=12$ (m), $y=3\times4^2=48$ (m)

平均の速さは $\dfrac{\text{進んだ距離}}{\text{かかった時間}}$ で求められるから,

$\dfrac{48-12}{4-2}=\dfrac{36}{2}=18$ より, 毎秒 18 m

POINT 平均の速さは変化の割合と等しいから, $a(p+q)$ を使って, $3\times(2+4)=18$ より, 秒速 18 m と求めることもできる。

2 (1)$y=\dfrac{1}{4}x^2$ に $x=-4$ を代入して,

$y=\dfrac{1}{4}\times(-4)^2=4$

(2)点Cの y 座標は点Aの y 座標より 5 だけ大きいから,

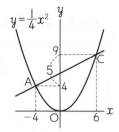

$y=4+5=9$

$y=9$ を $y=\dfrac{1}{4}x^2$ に代入して,

$9=\dfrac{1}{4}x^2$ $x^2=36$

$x>0$ より, $x=6$

よって, C(6, 9)

(3)A(−4, 4), C(6, 9) より, 直線 AC の式を $y=ax+b$ とおくと,

$\begin{cases} 4=-4a+b \\ 9=6a+b \end{cases}$

この連立方程式を解いて, $a=\dfrac{1}{2}$, $b=6$

よって, $y=\dfrac{1}{2}x+6$

(4)$y=\dfrac{1}{4}x^2$ に $x=2$ を代入して,

$y=\dfrac{1}{4}\times2^2=1$ より,

B(2, 1)

直線 OB の式は

$y=\dfrac{1}{2}x$

よって, 直線 AC と OB の傾きが等しいから, OB∥AC

点Pを線分 AC 上にとると PC∥OB であるから, PC=OB となれば △BCP＝△AOB である。

よって, 点Pは点Cから左へ 2, 下へ 1 進めばよいから, P(6−2, 9−1) より, P(4, 8)

14 平面図形

本文 p.34

1 (1)2π cm　(2)$\dfrac{3}{2}\pi$ cm^2　(3)$270°$

2 (1)

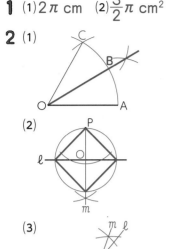

(2)

(3)

解説

1 (1)$2\pi\times10\times\dfrac{36}{360}=2\pi$ (cm)

(2)$\pi\times2^2\times\dfrac{135}{360}=\dfrac{3}{2}\pi$ (cm^2)

(3)$360°\times\dfrac{9\pi}{2\pi\times6}=360°\times\dfrac{3}{4}=270°$

2 (1)線分 OA の上側に，OA を 1 辺とする正三角形 OAC を作図する。

次に，∠AOC の二等分線をひき，弧 AC との交点を B とする。

(2)正方形の 2 つの対角線は互いに垂直に交わることを利用する。

よって，点 P から直線 ℓ に垂線 m をひき，ℓ との交点を O とする。次に，点 O を中心とする半径 OP の円をかく。この円と直線 ℓ，m との交点が正方形の頂点である。

(3)条件①より，点 P は線分 AB の垂直二等分線 ℓ 上にある。

条件② ∠ABP＝∠CBP より，点 P は∠ABC の二等分線 m 上にある。

よって，2 つの条件を満たす点 P は 2 直線 ℓ と m の交点である。

15 空間図形

本文 p.36

1 辺 CD，辺 GH，辺 CG，辺 DH

2 (1)12cm　(2)$\dfrac{100}{3}$ cm^3

3 (1)88π cm^2　(2)$h=\dfrac{27}{4}$

解説

1 面 ABFE に平行な面 DCGH の 4 つの辺「辺 CD，辺 GH，辺 CG，辺 DH」が平行な辺である。

2 (1)側面のおうぎ形の半径を x cm とする。

おうぎ形の弧の長さは，底面の円周の長さに等しいから，$2\pi x\times\dfrac{120}{360}=2\pi\times4$

$x\times\dfrac{1}{3}=4$　$x=12$

よって，側面のおうぎ形の半径は 12 cm

> **POINT** おうぎ形の半径を x cm として，「おうぎ形の弧の長さ ＝ 底面の円周の長さ」を使って，x についての方程式をつくろう。

(2)$\dfrac{1}{3}\times5^2\times4=\dfrac{100}{3}$ (cm^3)

3 (1)この回転体は，底面の円の半径が 4 cm，高さが 7 cm の円柱である。

側面は縦 7 cm，横 $2\pi\times4=8\pi$ (cm) の長方形であるから，側面積は，$7\times8\pi=56\pi$ (cm^2)

よって，表面積は，

$56\pi+\pi\times4^2\times2=56\pi+32\pi$
$=88\pi$ (cm^2)

(2)**ア**の立体は，底面の半径 4 cm，高さ h cm の円錐だから，体積は，

$\dfrac{1}{3}\times\pi\times4^2\times h=\dfrac{16}{3}\pi h$ (cm^3)

イは半径 3 cm の球だから，体積は，

$\dfrac{4}{3}\pi\times3^3=36\pi$ (cm^3)

よって，$\dfrac{16}{3}\pi h=36\pi$

$16h=108$　$h=\dfrac{27}{4}$

16 図形の角と合同 (1)

本文 p.38

1 (1)43° (2)72° (3)130° (4)80°
(5)110° (6)71°
2 127°
3 115°

解 説

1 (1)∠x+38°=32°+49°
∠x=81°-38°=43°

(2)右の図より，
∠x+32°+26°=130°
∠x=130°-58°=72°

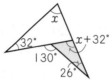

(3)外角の和は360°だから，∠xの外角は，
360°-(100°+105°+105°)=50°
よって，∠x=180°-50°=130°

(4)右の図で，
(20°+∠a)+(40°+∠b)
+110°+90°=360°
よって，∠a+∠b=100°
∠x=180°-(∠a+∠b)
=180°-100°=80°

別解 五角形の内角の和は，
180°×(5-2)=540°
540°-(90°+110°+40°+20°)=280°
よって，∠x=360°-280°=80°

(5)∠x=47°+63°
=110°

(6)∠x
=(180°-147°)+38°
=33°+38°=71°

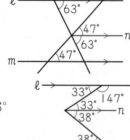

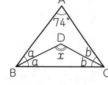

2 ∠BDC=∠x，
∠ABD=∠a，∠ACD=∠b
とおく。
△ABCの内角の和は180°
だから，
74°+2∠a+2∠b=180°
両辺を2でわって，

37°+∠a+∠b=90°
∠a+∠b=90°-37°=53°
次に，△BCDの内角の和は180°だから，
∠x+∠a+∠b=180°
∠x=180°-(∠a+∠b)=180°-53°=127°

POINT ∠ABD=∠a，∠ACD=∠b とおくとき，∠a，∠bのそれぞれの値は求められないが，和∠a+∠bの値は求められる。△BCDで内角の和から，∠BDC+(∠a+∠b)=180°

3 折り返しの図形より，
∠GEF=∠AEF，
∠EFB=∠EFH
=(180°-50°)÷2
=65°
また，∠AEF+∠EFB=180°より，
∠GEF=∠AEF=180°-65°=115°

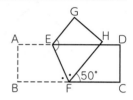

17 図形の角と合同 (2)

本文 p.40

1 (1)△ACE と △DCB において，
△DAC が正三角形より，
AC=DC …①
△ECB が正三角形より，
CE=CB …②
正三角形の1つの内角は60°だから，
∠ACE=∠DCB=120° …③
①，②，③より，2組の辺とその間の角がそれぞれ等しいから，
△ACE≡△DCB

(2)60°

2 △AEF と △CDF において，
四角形 ABCD は長方形だから，
∠AEF=∠ABC=90°
よって，∠AEF=∠CDF=90° …①
長方形の対辺は等しいから，
AE=AB=CD …②
対頂角は等しいから，
∠AFE=∠CFD …③
①，③と三角形の内角の和は180°より，
∠EAF=∠DCF …④

①，②，④より，1組の辺とその両端の
角がそれぞれ等しいから，
△AEF≡△CDF

1 (2)(1)より，
△ACE≡△DCB
よって，
∠AEC＝∠DBC
△ABFと△ACEにお
いて，三角形の外角の性質より，
∠BFE＝∠FAB＋∠FBA
＝∠FAB＋∠AEC＝∠ECB＝60°

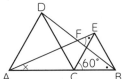

POINT　小問がいくつかあるときは，後ろの問い
は前の問いの結果を使って解くことが多い。ここ
では，(1)から ∠AEC＝∠DBC を用いる。

18 三角形と四角形

本文 p.42

1 (1)25°　(2)32°　(3)53°
2 イ
3 △ACF，△DCF，△ADE
4 △AEDと△CFDに
おいて，正方形
ABCDの角より，
∠EAD＝∠FCD＝90°
　　　…①

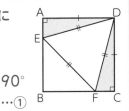

△DEFは正三角形だから，
DE＝DF …②
正方形ABCDの辺だから，
AD＝CD …③
①，②，③より，直角三角形の斜辺と他
の1辺がそれぞれ等しいから，
△AED≡△CFD

■ 解 説

1 (1)△ABDは二等辺三
角形だから，2つの底
角は等しく，

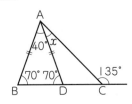

∠ADB＝(180°－40°)÷2＝70°
よって，
∠ADC＝180°－70°＝110°
△ADCで，三角形の外角の性質より，
∠x＝135°－110°＝25°

(2)四角形ABCDは平行四辺
形だから，
△CAD≡△ACB
CA＝CB＝ADより，どちら
の三角形も二等辺三角形である。

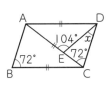

よって，
∠ACD＝∠ADC＝∠ABC＝72°
△DCEで，三角形の外角の性質より，
∠x＝104°－72°＝32°

(3)右の図で，
∠B＝∠ADC＝70°
よって，
∠ADE＝∠CDE
＝70°÷2＝35°
AD∥BC より，錯角が等しいので，
∠CED＝∠ADE＝35°
△ABEで，三角形の外角の性質より，
∠x＋70°＝88°＋35°
∠x＝123°－70°＝53°

2 ひし形は，4つの辺が等しい四角形だから，
「条件イ」の「となり合う2つの辺（ABとAD）
が等しい」を加えればよい。

3 AC∥EF より，
△ACE＝△ACF
AD∥BC より，
△ACF＝△DCF
AB∥DC より，
△ACE＝△ADE
よって，
△ACEと面積が等しい三角形は，△ACF，△DCF，
△ADE である。

POINT　面積が等しい三角形を見つけるには，底
辺が共通で，底辺に平行な直線上に頂点をもつ三
角形をさがそう。

サクッ！と入試対策 ⑦

本文 p.43

1

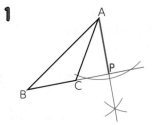

2 $72°$

3 (1) $50°$
(2) $20°$

4 △ABQ と △AEP において，
平行四辺形の対辺は等しいから，
AB＝CD＝AE …①
平行四辺形の対角は等しいから，
∠ABQ＝∠CDP＝∠AEP …②
∠BAP＝∠DCQ＝∠EAQ …③
③より，∠BAQ
　＝∠BAP－∠PAQ
　＝∠EAQ－∠PAQ
　＝∠EAP …④
①，②，④より，1組の辺とその両端の
角がそれぞれ等しいから，
△ABQ≡△AEP

解説

1 三角形の高さは，底辺に垂直だから，BC⊥AP
よって，直線 BC に点Aから垂線をひき，BC と
の交点をPとすればよい。

2 おうぎ形の中心角を $a°$
とすると，おうぎ形の弧の
長さと底面の円周の長さは
等しいから，

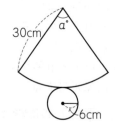

$$2\pi \times 30 \times \frac{a}{360} = 2\pi \times 6$$

$$a = 360 \times \frac{6}{30} = 72$$

別解 おうぎ形の中心角は，弧の長さに比例する
から，

中心角は，$360° \times \dfrac{2\pi \times 6}{2\pi \times 30}$

$= 360° \times \dfrac{1}{5} = 72°$

---

3 (1) 平行線の性質（錯角は
等しい）と三角形の外角
の性質より，
∠x＋38°＋39°＝127°
∠x＝127°－77°＝50°

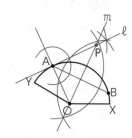

(2) 右の図のように点Eを通
る平行線 n をひくと，同
位角は等しいから，
∠AEF＝∠AGB＝56°
正五角形の1つの内角は
180°×（5－2）÷5＝108° だから，
∠FED＝108°－∠AEF＝108°－56°＝52°
また，平行線の錯角は等しいから，
∠FED＝∠EDH＝52°
よって，∠x＝180°－（108°＋52°）＝20°

4 平行四辺形の性質と折り返しの図形の性質を
使う。

POINT 折り返しの図形問題では，もとの図形と
折り返してできた図形は合同であることを利用す
る。ここでは
四角形 CDPQ≡四角形 AEPQ である。
（もとの図形）（折り返した図形）

サクッ！と入試対策 ⑧

本文 p.44

1 $27cm^2$

2 右の図

3 $41°$

4 (1) △ABD と △BCE において，
仮定より，BD＝CE …①
△ABC は正三角形だから，
AB＝BC …②
∠ABD＝∠BCE＝60° …③
①，②，③より，2組の辺とその間の
角がそれぞれ等しいから，
△ABD≡△BCE
(2) $120°$

解説

1 △BDE は 2 つの立体に共通する面なので，その部分の差は考えなくてよい。

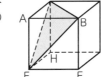

また，△ABE≡△FBE，
△ABD≡△CBD，
△AED≡△HED であるから，2 つの立体の表面積の差は，3 つの正方形 BFGC，DHGC，EFGH の面積の合計である。
よって，$3^2×3＝27 (cm^2)$

2 円の接線は，接点を通る半径に垂直であるから，直線 OA 上の点Aを通る垂線 $ℓ$ をひくと，$ℓ$ は円Oの接線である。
また，AP＝BP より，点Pは線分 AB の垂直二等分線 m 上にある。
よって，2 直線 $ℓ$ と m の交点がPである。

3 二等辺三角形の 2 つの底角は等しいから，
∠ACE＝∠AEC＝34°＋∠x
また，∠DBC＝∠ACB
＝90°－34°＝56° だから，
四角形 BCEF で，
2(34°＋∠x)＋98°
　＋56°×2＝360°
両辺を 2 でわって，
34°＋∠x＋49°＋56°＝180°
∠x＝180°－139°＝41°

(AC＝AE)

POINT 長方形，二等辺三角形の性質を使い，∠x についての方程式をつくるとよい。また，△ABF における内角と外角の関係を用いて，方程式をつくってもよい。いろいろな解き方ができることが大切である。

---

4 (1)正三角形の性質
①3 つの辺の長さがすべて等しい。
②3 つの角の大きさがすべて 60° である。
を使って，三角形の合同を証明する。

(2)(1)より，∠BAD＝∠CBE
∠ABE＝60°－∠CBE
　＝60°－∠BAD
　＝∠CAD
△ABF において，
∠ABF＋∠BAF
＝∠ABE＋∠CBE＝60°

19 相似な図形 (1)

本文 p.46

1 (1)

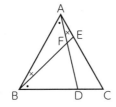

(2)1.6 m

2 2

3 (1)△ABC と △ACD において，
　∠A は共通の角 …①
　AB：AC＝25：20＝5：4
　AC：AD＝20：(25－9)
　＝20：16＝5：4
　よって，AB：AC＝AC：AD …②
　①，②より，2 組の辺の比とその間の角がそれぞれ等しいから，
　△ABC∽△ACD

(2)24 cm

解説

1 (1)∠BAC＝90° であることから，点Aから辺 BC に垂線をひき，BC との交点をPとすれば，△ABC∽△PAC である。
(∠BAC＝∠APC＝90°，∠C は共通より，2 組の角がそれぞれ等しい。)
(2)右の図で，
△CPQ と △CAB において，∠C は共通
∠CQP＝∠CBA＝90°
だから，△CPQ∽△CAB である。
よって，対応する辺の比は等しいから，
PQ：5.6＝4：(4＋10)
14PQ＝22.4　PQ＝1.6 (m)

2 △ABC と △ACD において，∠A は共通
∠ABC＝∠ACD だから，2 組の角がそれぞれ等しいので，
△ABC∽△ACD

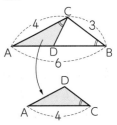

よって，対応する辺の比は等しいから，
AB：AC＝BC：CD
6：4＝3：CD
6CD＝12　CD＝2

3 (2)(1)より，△ABC と
△ACD の相似比が 5：4
だから，
BC：CD＝5：4
よって，
30：CD＝5：4
5CD＝120
CD＝24（cm）

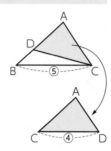

20 相似な図形（2）

本文 p.48

1 (1)$x＝8$　(2)$x＝9$　(3)$x＝\dfrac{15}{4}$

(4)$x＝4.8$

2 27：125

3 点EとFを結ぶ。四角形 BDFE におい
て，点 E，F はそれぞれ線分 AD，辺 AC
の中点だから，中点連結定理より，

EF∥DC …①　EF＝$\dfrac{1}{2}$DC

また BD：DC＝1：2 であるから，

BD＝$\dfrac{1}{2}$DC

よって，EF＝BD …②
①より，EF∥BD …③
②，③より，1 組の辺が平行で長さが等
しいから，四角形 BDFE は平行四辺形
である。
したがって，平行四辺形の対辺は等し
いから，BE＝DF

解説

1 平行線と線分の比の関係を使う。
(1)$x：14＝4：(4＋3)$
　$7x＝14×4$　$x＝8$

(2)$6：x＝4：6$
　$4x＝36$　$x＝9$

(3)$x：6＝5：(5＋3)$　$8x＝30$　$x＝\dfrac{15}{4}$

(4)$x：12＝4：(4＋6)$
　$10x＝48$
　$x＝4.8$

2 相似な立体の体積比は，相似比の 3 乗に等しい
から，P と Q の体積比は，
$3^3：5^3＝27：125$

21 円

本文 p.50

1 (1)105°　(2)48°　(3)80°

2 E

3 (1)△ABE と △ACD において，
　仮定より，AB＝AC …①
　∠BAC＝∠CAD …②
　弧 AD に対する円周角は等しいから，
　∠ABE＝∠ACD …③
　①，②，③より，1 組の辺とその両端
　の角がそれぞれ等しいから，
　△ABE≡△ACD

(2)$\dfrac{7}{2}$ cm

解説

1 (1)三角形 OAC は二等
辺三角形だから，
∠AOC
＝180°−15°×2
＝150°
円周角の定理より，
∠x＝(360°−150°)÷2＝105°

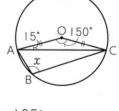

(2)BD は直径だから，
∠BAD＝90°
よって，
∠BDA＝90°−24°＝66°
円周角の定理より，
∠C＝∠BDA＝66°

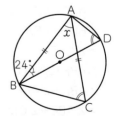

△ABC は二等辺三角形だから，

$\angle x=180°-66°\times2=48°$

POINT 円周角の問題では，半径や直径を使って解くものがよく出題される。(1)△OAC は OA=OC (半径) の二等辺三角形，(2)BD が直径だから，△ABD は ∠BAD=90° の直角三角形である。

(3)点OとCを結ぶ。

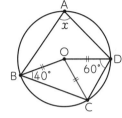

△OBC，△OCD は二等辺三角形だから，

$\angle$BOC

$=180°-40°\times2$

$=100°$

$\angle$COD$=180°-60°\times2=60°$

よって，$\angle$BOD$=100°+60°=160°$ だから，円周角の定理より，$\angle x=160°\div2=80°$

別解 四角形 ABCD は円Oに内接しているから，

$\angle$C$=180°-\angle x$

円周角の定理より，$\angle$BOD$=2\angle x$

四角形 BCDO の内角の和は 360° だから，

$40°+60°+(180°-\angle x)+2\angle x=360°$

$\angle x=360°-280°=80°$

2 $\angle$BAC$=46°$，$\angle$CBA$=85°$ より，

$\angle$ACB$=180°-(46°+85°)=49°$

$\angle$AEB$=49°$ だから，$\angle$AEB$=\angle$ACB となり，円周角の定理の逆より，4 点 A, B, C, E は同じ円周上にある。

3 (2)(1)より，

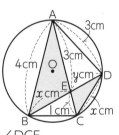

AE=AD=3 cm，

BE=CD

また，CE=4－3＝1 (cm)

△ABE と △DCE において，弧 AD に対する円周角は等しいから，∠ABE＝∠DCE

対頂角は等しいから，∠AEB＝∠DEC

2 組の角がそれぞれ等しいから，

△ABE∽△DCE

BE=CD=x cm，ED=y cm とおくと，対応する辺の比は等しいから，

AB：DC＝BE：CE＝AE：DE

よって，4：x＝x：1＝3：y

$x^2=4$　$x>0$ より，$x=2$

$2y=3$　$y=\dfrac{3}{2}$

したがって，BD$=x+y=2+\dfrac{3}{2}=\dfrac{7}{2}$ (cm)

22 三平方の定理 (1)

本文 p.52

1 (1)∠BDF…60°，BD…$2\sqrt{3}$ cm

(2)2π cm²

2 (1)$2\sqrt{5}$ cm　(2)$\dfrac{5}{2}$ cm

3 $\dfrac{8\sqrt{2}}{3}$ cm

解 説

1 (1)右の図のように，

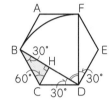

△BCD は二等辺三角形で，∠BCD＝120° だから，

∠CDB＝30°

同様に，∠EDF＝30° で，∠CDE＝120° より，

∠BDF＝120°－30°×2＝60°

点Cから辺 BD に垂線 CH をひくと，△BCH は 30°，60°，90° の直角三角形である。

BC＝2 cm より，BH$=2\times\dfrac{\sqrt{3}}{2}=\sqrt{3}$ (cm)

BD＝2BH$=2\times\sqrt{3}=2\sqrt{3}$ (cm)

(2)おうぎ形 DBF は，半径 $2\sqrt{3}$ cm，中心角 60° であるから，面積は，

$\pi\times(2\sqrt{3})^2\times\dfrac{60}{360}=\pi\times12\times\dfrac{1}{6}$

$=2\pi$ (cm²)

2 (1)直角三角形 ABC で，三平方の定理より，

AC$=\sqrt{2^2+4^2}=\sqrt{4+16}$

$=\sqrt{20}=2\sqrt{5}$ (cm)

(2)折り返したときにできる角だから，

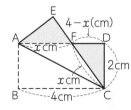

∠ACB＝∠ACF

平行線の錯角は等しいから，

∠ACB＝∠FAC

よって，∠ACF＝∠FAC より，△ACF は二等辺三角形である。

AF＝CF＝x cm とおくと，DF＝$4-x$ (cm)

CD＝2 cm であるから，直角三角形 CDF で，三平方の定理より，

$$x^2=2^2+(4-x)^2 \quad x^2=4+16-8x+x^2$$

$$8x=20 \quad x=\frac{5}{2}$$

よって，AF$=\frac{5}{2}$cm

POINT AF$=x$cm とおくと，△CDF は直角三角形だから，三平方の定理より，x についての方程式をつくることができる。

3 線分 BD の長さが最も短くなるのは，BD⊥AC のときである。

辺 BC の中点をMとすると，

△ABM と △BCD において，

∠AMB＝∠BDC＝90° …①

AB＝AC より，

∠ABM＝∠BCD …②

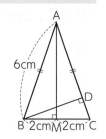

①，②より，2組の角がそれぞれ等しいから，

△ABM∽△BCD

△ABM は直角三角形だから，

AM$=\sqrt{6^2-2^2}=\sqrt{32}=4\sqrt{2}$ (cm)

AB：BC＝AM：BD より，

6：4＝4$\sqrt{2}$：BD　6BD$=16\sqrt{2}$

BD$=\frac{8\sqrt{2}}{3}$ (cm)

別解 CD$=x$cm とすると，AD$=6-x$ (cm)

直角三角形 ABD で，三平方の定理より，

BD$^2=6^2-(6-x)^2$

$=36-36+12x-x^2=-x^2+12x$

同様に，直角三角形 BCD で，

BD$^2=4^2-x^2=16-x^2$

よって，$-x^2+12x=16-x^2$

$x=\frac{4}{3}$ より，BD$=\sqrt{16-\left(\frac{4}{3}\right)^2}=\sqrt{16-\frac{16}{9}}$

$=\sqrt{\frac{128}{9}}=\frac{8\sqrt{2}}{3}$ (cm)

23 三平方の定理 (2)

本文 p.54

1 $10\sqrt{3}$ cm

2 $12\sqrt{7}$ cm³

3 (1)84 cm²　(2)7 cm

4 $9\sqrt{2}$ cm³

解説

1 右の図のように，中心Oと点Aを結ぶ。

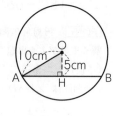

直角三角形 OAH で，三平方の定理より，

AH$=\sqrt{10^2-5^2}=\sqrt{75}$

$=5\sqrt{3}$(cm)

よって，AB$=2$AH$=2\times5\sqrt{3}=10\sqrt{3}$ (cm)

2 対角線 AC の中点をHとすると，

OH⊥AC

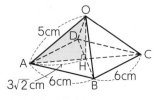

AC$=\sqrt{2}$AB

$=6\sqrt{2}$ (cm) より，

AH$=\frac{1}{2}$AC$=3\sqrt{2}$ (cm)

直角三角形 OAH で，三平方の定理より，

OH$=\sqrt{5^2-(3\sqrt{2})^2}=\sqrt{7}$ (cm)

よって，体積は，$\frac{1}{3}\times6^2\times\sqrt{7}=12\sqrt{7}$ (cm³)

3 (1)直角三角形 ABC で，三平方の定理より，

AC$=\sqrt{3^2+4^2}=\sqrt{25}=5$ (cm)

底面積は，$\frac{1}{2}\times3\times4=6$ (cm²)

側面積は，$6\times(3+4+5)=72$ (cm²)

よって，表面積は，$72+6\times2=84$ (cm²)

(2)CB⊥面 ABED であるから，

∠DBG＝90° である。

よって，直角三角形 DBG において，

BG＝2 cm，

DB$=\sqrt{6^2+3^2}$

$=3\sqrt{5}$ (cm) だから，

三平方の定理より，

DG$=\sqrt{2^2+(3\sqrt{5})^2}=\sqrt{49}=7$ (cm)

POINT 長方形 ABED⊥辺CB なので，DB⊥CB である。よって，△DBG は，∠DBG＝90° の直角三角形なので，三平方の定理を使うことができる。

4 △ABD，△ACD は正三角形で，点Eは辺 AD の中点だから，BE⊥AD，CE⊥AD

よって，三角錐 ABCE の底面を △BCE とするとき，高さは AE であるから，体積は

$\frac{1}{3}\times△BCE\times AE$ …①

右の図のように，△ABE は 30°，60°，90° の直角三角形だから，

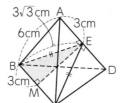

$BE=\sqrt{3}AE=3\sqrt{3}$ (cm)
よって，△BCE は
$BE=CE=3\sqrt{3}$ (cm)
の二等辺三角形だから，辺 BC の中点を M とすると，△EBM は直角三角形である。
$BM=3$ cm，$BE=3\sqrt{3}$ cm だから，三平方の定理より，
$EM=\sqrt{(3\sqrt{3})^2-3^2}=\sqrt{18}=3\sqrt{2}$ (cm)
よって，$\triangle BCE=\dfrac{1}{2}\times6\times3\sqrt{2}=9\sqrt{2}$ (cm²) だから，①より，三角錐 ABCE の体積は，
$\dfrac{1}{3}\times9\sqrt{2}\times3=9\sqrt{2}$ (cm³)

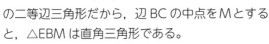

POINT 2直線の交点を通る2直線の垂線は，2直線をふくむ平面に垂直であることを利用している。

サクッ！と入試対策 ⑨

本文 p.55

1 (1)87° (2)54° (3)20°
2 $3\sqrt{13}$ cm³
3 (1)$\dfrac{2\sqrt{2}}{3}\pi$ cm³ (2)4π cm²
 (3)$3\sqrt{3}$ cm

解　説

1 (1)$\angle x=180°-(59°+34°)$
  $=180°-93°=87°$
(2)点Cと点Eを結ぶ。
 AC は直径だから，
 $\angle AEC=90°$
 円周角の定理より，
 $\angle BEC=\angle BDC=36°$
 よって，
 $\angle x=90°-36°=54°$

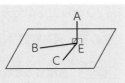

(3)おうぎ形の中心角は弧の長さに比例するから，
 $\angle AOB=120°\times\dfrac{1}{3}=40°$
 円周角の定理より，$\angle x=40°\div2=20°$

2 四角形 ABCD は正方形だから，
$AB=AD=\sqrt{2^2+3^2}=\sqrt{13}$ (cm)
よって，三角柱の体積は，
$\dfrac{1}{2}\times2\times3\times\sqrt{13}=3\sqrt{13}$ (cm³)

3 (1)円錐の高さは，
$\sqrt{3^2-1^2}=\sqrt{8}=2\sqrt{2}$ (cm)
よって，体積は，
$\dfrac{1}{3}\times\pi\times1^2\times2\sqrt{2}$
$=\dfrac{2\sqrt{2}}{3}\pi$ (cm³)

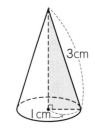

(2)円錐の側面積は，$\dfrac{1}{2}\times2\pi\times3=3\pi$ (cm²)
よって，表面積は，$\pi\times1^2+3\pi=4\pi$ (cm²)

POINT 円錐の展開図をかくと，側面はおうぎ形である。その半径 r は母線の長さで，弧の長さ ℓ は底面の円周の長さに等しい。このとき，側面積は $\dfrac{1}{2}\ell r$ の公式で求めることができる。

(3)右の図のように，側面のおうぎ形の中心角は，
$360°\times\dfrac{2\pi\times1}{2\pi\times3}$
$=360°\times\dfrac{1}{3}=120°$

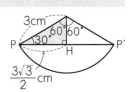

ひもの長さが最も短くなるのは，図の線分 PP′ のときで，$PH=3\times\dfrac{\sqrt{3}}{2}=\dfrac{3\sqrt{3}}{2}$ (cm) だから，
$PP'=\dfrac{3\sqrt{3}}{2}\times2=3\sqrt{3}$ (cm)

サクッ！と入試対策 ⑩

本文 p.56

1 (1)$AB=6$ cm，$AC=4$ cm で，
$AE:EB=1:2$，$AD:DC=3:1$
であるから，$AE=2$ cm，$EB=4$ cm，
$AD=3$ cm，$DC=1$ cm
△ABC と △ADE において，
∠A は共通 …①
$AB:AD=6:3=2:1$
$AC:AE=4:2=2:1$
よって，$AB:AD=AC:AE$ …②
①，②より，2 組の辺の比とその間の角がそれぞれ等しいから，

23

△ABC∽△ADE

(2)① $3\sqrt{3}$ cm ② $6\sqrt{3}$ cm²

③ $\dfrac{9\sqrt{3}}{2}$ cm²

2 中点連結定理より，MN∥FH∥BD がいえるから，四角形 BDNM は台形である。△ABD，△EMN，△BMF で，三平方の定理より，

BD $=4\sqrt{2}$ cm，

MN $=\dfrac{1}{2}$FH$=\dfrac{1}{2}$BD$=2\sqrt{2}$ cm，

BM $=\sqrt{4^2+2^2}=\sqrt{20}=2\sqrt{5}$ (cm)

台形 BDNM において，点Mから辺 BD に垂線 MI をひくと，

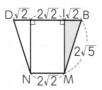

BI $=(4\sqrt{2}-2\sqrt{2})\div 2=\sqrt{2}$ (cm)

直角三角形 BIM で，三平方の定理より，

MI $=\sqrt{(2\sqrt{5})^2-(\sqrt{2})^2}$

$=\sqrt{18}=3\sqrt{2}$ (cm)

よって，台形 BDNM の面積は，

$(2\sqrt{2}+4\sqrt{2})\times 3\sqrt{2}\div 2$

$=6\sqrt{2}\times 3\sqrt{2}\div 2=18$ (cm²)

─── 解 説 ───

1 (2)①BC が直径だから，∠BDC=∠ADB=90°

よって，△ADB で，三平方の定理より，

BD $=\sqrt{6^2-3^2}=\sqrt{27}=3\sqrt{3}$ (cm)

②BD⊥AC より，

△ABC $=\dfrac{1}{2}\times 4\times 3\sqrt{3}=6\sqrt{3}$ (cm²)

③(1)より，△ABC∽△ADE であり，相似比が 2：1 だから，面積比は $2^2：1^2=4：1$

よって，△ABC：△ADE=4：1 より，

四角形 BCDE=△ABC－△ADE

$=\dfrac{4-1}{4}$△ABC$=\dfrac{3}{4}$△ABC

$=\dfrac{3}{4}\times 6\sqrt{3}=\dfrac{9\sqrt{3}}{2}$ (cm²)

POINT 四角形 BCDE=△ABC－△ADE
△ABC∽△ADE であるから，面積比は相似比の 2 乗に等しいことを利用して求める。

24 資料の整理

本文 p.58

1 (1)14 分 (2)0.2

2 ウ

3 (ア)…3.5，(イ)…3，(ウ)…3

4

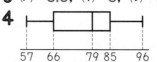

─── 解 説 ───

1 (1)度数の最も多い階級は，度数 31 人の「12分以上 16 分未満」である。

階級値は階級の中央の値なので，

$\dfrac{12+16}{2}=14$ (分)

(2)「20 分以上 24 分未満」の階級の度数は 27 人なので，相対度数は，$\dfrac{27}{135}=0.2$

POINT 各階級の度数の，全体に対する割合を，その階級の相対度数という。

相対度数$=\dfrac{ある階級の度数}{度数の合計}$

2 ア 平均値は，

$\dfrac{0\times 2+1\times 3+2\times 6+3\times 4+4\times 7+5\times 3}{25}$

$=2.8$ (冊) より，正しくない。

イ 最頻値は，7 人いる階級の階級値である 4 冊だから，正しくない。

ウ 中央値は，25 人の中央の 13 人目の人がいる階級の階級値である 3 冊だから，正しい。

エ 範囲は 5－0=5 (冊) であるから，正しくない。

3 (ア) 合計点は，

$0\times 1+1\times 2+2\times 2+3\times 4+4\times 1+5\times 2+6\times 2+9\times 1=53$ (点)

よって，平均値は 53÷15=3.53… より，3.5 点

(イ) 15 試合の得点を低い順に並べると，0，1，1，2，2，3，3，3，3，4，5，5，6，6，9 である。

よって，中央値は 8 番目の 3 点

(ウ) 最頻値は，3 点の試合が 4 試合あっていちばん多いので，3 点

4 データの値を小さい順に並べると,

57, 64, 66, 70, 77, 81, 84, 85, 90, 96

第2四分位数は, $\dfrac{77+81}{2}=79$

第1四分位数は, 57, 64, 66, 70, 77 の中
央値で66

第3四分位数は, 81, 84, 85, 90, 96 の中
央値で85

25 確 率

本文 p.60

1 $\dfrac{7}{36}$

2 $\dfrac{3}{7}$

3 (1)$\dfrac{3}{8}$　(2)$\dfrac{7}{8}$

4 (1)24 通り　(2)$\dfrac{1}{12}$

（ 解 説 ）

1 2つのさいころを同時に投げるとき, 起こりう
るすべての場合の数は, $6×6=36$ (通り)
2以上12以下の5の倍数は, 5, 10で,
5…(1, 4), (2, 3), (3, 2), (4, 1)の4通り
10…(4, 6), (5, 5), (6, 4)の3通り
よって, 全部で7通りあるから, 求める確率は
$\dfrac{7}{36}$

2 下のように, 赤玉3個, 白玉4個に番号をつける。
赤玉…①, ②, ③　　白玉…4, 5, 6, 7

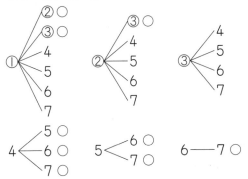

全部で, $6+5+4+3+2+1=21$ (通り)
そのうち, 2個とも同じ色の玉であるのは, ○印
をつけた9通り

よって, 求める確率は $\dfrac{9}{21}=\dfrac{3}{7}$

POINT 同じ色の玉がいくつかあるときは, 玉に
番号をつけて区別して考えよう。ここでは, 赤玉
を①, ②, ③, 白玉を4, 5, 6, 7 としている。

3 ○を硬貨の表, ×を裏とする。

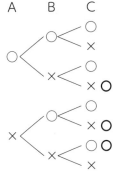

3枚の硬貨を同時に投げるとき, 起こりうるすべ
ての場合の数は, $2×2×2=8$ (通り)
(1) 1枚が表で2枚が裏になる場合の数は, 樹形図
で○印をつけた3通り

よって, 求める確率は $\dfrac{3}{8}$

(2) 「少なくとも1枚は裏」は「3枚とも表にはなら
ない」場合と同じである。3枚とも表になる確
率は $\dfrac{1}{8}$ であるから, 求める確率は

$1-\dfrac{1}{8}=\dfrac{7}{8}$

4 (1) 4人の生徒 A, B, C, D で走る順番は, 全部
で $4×3×2×1=24$ (通り)
(2) Bが第2走者でDが第3走者になるとき, リレ
ーの順番は
A—B—D—CまたはC—B—D—Aの2通り

よって, 求める確率は $\dfrac{2}{24}=\dfrac{1}{12}$

26 標本調査

本文 p.62

1 ウ
2 およそ60個
3 ウ
4 およそ6000粒

（ 解 説 ）

1 標本調査では, 調べるのは標本であるが, 母集
団の性質を知りたいので, 母集団を代表するよう
に, 標本をかたよりなく無作為に取り出さなけれ

ばならない。

したがって，**ウ**が最も適切である。**ア**は男子だけ，
イは 1 年生だけなので，かたよりがある。

2 標本の中の不良品の比率が，母集団の中の不
良品の比率に等しいと考えられる。

よって，9000 個の製品の中の不良品の個数を x
個とすると，$9000 : x = 300 : 2$

$300x = 9000 \times 2$　$x = 60$

したがって，およそ 60 個と考えられる。

3 箱の中の黒玉の個数を x 個とする。

標本と黒玉 75 個の比が，母集団とその中の黒玉
の比に等しいと考えられるから，

$10000 : x = 300 : 75$

$300x = 750000$　$x = 2500$

よって，最も適当なのは**ウ**

4 コップ 1 杯分の米粒の数を x 粒とすると，

$(x + 300) : 300 = 336 : 16$

よって，$16(x + 300) = 300 \times 336$

$x + 300 = 6300$　$x = 6000$

したがって，およそ 6000 粒と考えられる。

> POINT コップ 1 杯分の米粒の数を x 粒とすると，
> あらたに赤い粒 300 粒を加えるから，全体（母集団）
> は $(x + 300)$ 粒となる。母集団と標本での赤い米粒
> の比率は等しいと考える。

サクッ！と入試対策 ⑪

本文 p.63

1 (1) 4 冊　(2) 0.2　(3) $x = 6$，$y = 8$

2 $\dfrac{4}{5}$

3 およそ 500 個

解説

1 (1) 1 年生で度数が最も多いのは 8 人の 4 冊
よって，最頻値は 4 冊

(2) 5 冊借りた生徒は 7 人いるから，相対度数は

$\dfrac{7}{35} = 0.2$

(3) 2 年生で，生徒の人数から

$1 + 5 + x + y + 7 + 3 = 30$

$x + y = 14$ …①

平均値が 2.8 冊だから，

$\dfrac{0 \times 1 + 1 \times 5 + 2x + 3y + 4 \times 7 + 5 \times 3}{30} = 2.8$

$2x + 3y = 36$ …②

①，②を連立方程式として解くと，$x = 6$，$y = 8$

> POINT 2 年生の人数と平均値から x，y の連立
> 方程式をつくって求める。このとき，借りた本の
> 冊数の合計は，「（冊数×度数）の和」で求めるこ
> とができる。

2 2 個とも白玉ではない確率を求めて，1 からひ
けばよい。

赤玉に 1，青玉に 2，3，白玉に④，⑤，⑥の番号
をつける。

同時に 2 個取り出す取り出し方は，

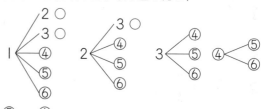

全部で，$5 + 4 + 3 + 2 + 1 = 15$（通り）

白玉をふくまないのは，○印をつけた 3 通り

よって，求める確率は $1 - \dfrac{3}{15} = 1 - \dfrac{1}{5} = \dfrac{4}{5}$

3 最初に箱の中にはいっていた青玉の個数を x
個とすると，

$(x + 100) : 100 = 18 : 3$

$3(x + 100) = 100 \times 18$　$x + 100 = 600$

$x = 500$

よって，およそ 500 個と推測される。

サクッ！と入試対策 ⑫

本文 p.64

1 ア…12，イ…88.8，平均値…7.4 秒

2 (1) $\dfrac{5}{12}$　(2) $\dfrac{3}{10}$

3 およそ 90 人

解説

1 ア $50 - (2 + 5 + 13 + 10 + 5 + 3)$

$= 50 - 38 = 12$

イ $7.4 \times 12 = 88.8$

平均値は，$\dfrac{370.0}{50} = 7.4$（秒）

2 (1) 2 つのさいころの目の出方は全部で

$6 \times 6 = 36$（通り）

出る目の数の和として考えられる素数は 2, 3,
5, 7, 11
2…(1, 1) の 1 通り
3…(1, 2), (2, 1) の 2 通り
5…(1, 4), (2, 3), (3, 2), (4, 1) の
　　4 通り
7…(1, 6), (2, 5), (3, 4), (4, 3),
　　(5, 2), (6, 1) の 6 通り
11…(5, 6), (6, 5) の 2 通り
よって, 全部で 1＋2＋4＋6＋2＝15 (通り)
あるから, 求める確率は $\dfrac{15}{36}＝\dfrac{5}{12}$

(2) 2 枚のカードを同時に取り出すときの取り出し
　　方は,

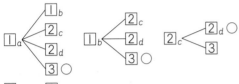

全部で, 4＋3＋2＋1＝10 (通り)
和が 4 になるのは, ○印をつけた 3 通り
よって, 求める確率は $\dfrac{3}{10}$

POINT　同じカード 2 組 ①, ①, ②, ② を区別
するため, $①_a$, $①_b$, $②_c$, $②_d$ として考える。

3 Ｄの国に行きたいと考えている生徒の人数を
x 人とすると,
$600 : x＝120 : 18$　　$120x＝600×18$
$x＝90$
よって, およそ 90 人と推測できる。

高校入試模擬テスト ①

本文 p.66～67

1 (1) 69 (2) $1+3\sqrt{5}$ (3) $\dfrac{11x+9y}{12}$

(4) $\dfrac{3a^2b^3}{2}$

2 (1) $x=2$, $y=5$ (2) $x=4$, -2

3 (1)
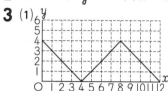

(2) 9 回

4 $\dfrac{7}{12}$

5 $21°$

6 (1)
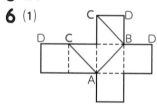

(2) $\dfrac{45}{2}$ cm³

解説

1 (1) $13-(-2)^3\times7=13-(-8)\times7$
$=13-(-56)=13+56=69$

(2) $(\sqrt{5}+4)(\sqrt{5}-1)$
$=5-\sqrt{5}+4\sqrt{5}-4$
$=1+3\sqrt{5}$

(3) $\dfrac{5x-3y}{3}-\dfrac{3x-7y}{4}$

$=\dfrac{4(5x-3y)-3(3x-7y)}{12}$

$=\dfrac{20x-12y-9x+21y}{12}$

$=\dfrac{11x+9y}{12}$

(4) $3a^3b\times2ab^2\div(-2a)^2$
$=3a^3b\times2ab^2\div4a^2$
$=\dfrac{3a^3b\times2ab^2}{4a^2}=\dfrac{3a^2b^3}{2}$

2 (1) 上の式を①，下の式を②とする。

① $\qquad\quad 9x-5y=-7$
②×3 $\quad\underline{+)-9x+6y=12}$
$\qquad\qquad\qquad\quad y=\ 5$

②に $y=5$ を代入して，$-3x+10=4$
$-3x=-6$ $x=2$
よって，$x=2$, $y=5$

(2) $(x+3)(x-3)=2x-1$
$x^2-9=2x-1$ $x^2-2x-8=0$
$(x-4)(x+2)=0$ $x=4$, -2

3 (1) 毎秒 1 cm の速さで動く点Pは，4 秒で点A
とDの間を移動し，12 秒間でD→A→D→A
と 3 回動く。

$0\leqq x\leqq4$ のとき，$y=4-x$
$4\leqq x\leqq8$ のとき，$y=x-4$
$8\leqq x\leqq12$ のとき，$y=12-x$
となるから，4 点 $(0,\ 4)$，$(4,\ 0)$，$(8,\ 4)$，
$(12,\ 0)$ を通る折れ線になる。

(2) AB∥PQ となる
のは，AP=BQ
となるときであ
る。点Qは，$\dfrac{4}{3}$
秒で点BとCの
間を移動し，12
秒間でB→C→B→C→B→C→B→C→B→
Cと $12\div\dfrac{4}{3}=9$ (回) 動く。点Qが頂点Bを
出発してから x 秒後の BQ の長さを y cm とし
たときのグラフを(1)に記入したのが上の図であ
る。この 2 つのグラフの交点が，AP=BQ にな
るところである。

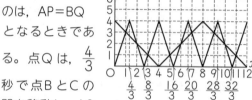

よって，9 回

> **POINT** 2 つのグラフが交わる点で y の値は等し
> くなるので，AP=BQ となる回数はグラフの交点
> の個数を数えれば求められる。

4 目の出方は全部で $6\times6=36$ (通り)
このうち，△OPR の面積が △OPQ の面積の半分
以上となるのは，直線の傾きが 1 以上のときであ
る。

よって，$\dfrac{b}{a}\geqq1$ $b\geqq a$ …①

このような a, b の組 $(a,\ b)$ は，$b=a$ となるの
が 6 通り，$b>a$ となるのが
$(36-6)\div2=15$ (通り) ある。
したがって，①が成り立つのは，全部で
$6+15=21$ (通り) なので，求める確率は
$\dfrac{21}{36}=\dfrac{7}{12}$

[POINT] △OPR の面積が △OPQ の半分になる
のは，R の座標が $\left(\dfrac{6+1}{2},\ \dfrac{1+6}{2}\right)=\left(\dfrac{7}{2},\ \dfrac{7}{2}\right)$ とな
るときである。このとき，直線の傾きは
$\left(\dfrac{7}{2}-0\right)\div\left(\dfrac{7}{2}-0\right)=1$ となる。

5 四角形 ABCD はひし
形だから，∠ADC＝48°
四角形 AEFD は正方形だ
から，
∠CDF＝90°−48°＝42°
△CDF は二等辺三角形だから，
∠CFD＝(180°−42°)÷2＝69°
よって，∠CFE＝90°−69°＝21°

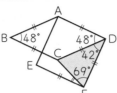

[POINT] ひし形 ABCD と正方形 AEFD は辺 AD
が共通であるので，この2つの四角形のすべての
辺の長さは等しい。このことから，△CDF は二等
辺三角形であることがわかる。

6 (1)右の図のように，
展開図に重なる頂点
を記入し，線分 AB，
BC，CA をひく。

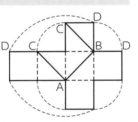

(2)頂点Dをふくむ立体の体
積は，立方体の体積から
三角錐の体積をひいて求
める。
よって，求める体積は，
$3^3-\dfrac{1}{3}\times\dfrac{1}{2}\times3\times3\times3$
$=27-\dfrac{9}{2}=\dfrac{45}{2}$ (cm³)

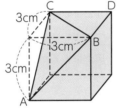

高校入試模擬テスト ②

本文 p.68〜69

1 (1)7　(2)5　(3)$a+2b$　(4)$2x-y$

2 (1)4　(2)40°　(3)B$\left(4,\ \dfrac{8}{3}\right)$　(4)56回

3

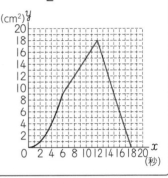

4 (1)① $a=\dfrac{1}{4}$　② $p=\dfrac{1}{2}$

(2)$y=\dfrac{3}{2}x$

(3)右の図

(解説)

1 (1)$(-3)^2+\left(-\dfrac{1}{3}\right)\times6$
$=9+(-2)=7$
(2)$(\sqrt{2}-\sqrt{3})^2+\sqrt{24}$
$=(2-2\sqrt{6}+3)+2\sqrt{6}$
$=5$
(3)$4(2a-3b)-7(a-2b)$
$=8a-12b-7a+14b$
$=a+2b$
(4)$(10x^2y-5xy^2)\div5xy$
$=\dfrac{10x^2y}{5xy}-\dfrac{5xy^2}{5xy}=2x-y$

2 (1)$a^2-6ab+9b^2=(a-3b)^2$ だから，$a=5$,
$b=\dfrac{7}{3}$ を式に代入して，
$\left(5-3\times\dfrac{7}{3}\right)^2=(5-7)^2=(-2)^2=4$
(2)円周角の定理より，
∠C＝110°÷2＝55°
$\ell/\!/m$ より，錯角は等
しいので，
∠x＋15°＝55°

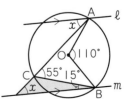

29

$\angle x = 55° - 15° = 40°$

(3) 右の図のように，点 A，
B から x 軸に垂線 AD，
BE をひく。
DO：OE＝AC：CB
＝3：2 であり，
DO＝6 だから，
6：OE＝3：2　OE＝4

点 B の x 座標は 4 より，y 座標は，$y = \frac{1}{6}x^2$ に
$x = 4$ を代入して，
$$y = \frac{1}{6} \times 4^2 = \frac{8}{3}$$
よって，B$\left(4, \frac{8}{3}\right)$

> **POINT** 点 A，B から x 軸に垂線 AD，BE をひ
> いたので，AD∥CO∥BE である。平行線と線分
> の比より，AC：CB＝DO：OE＝3：2

(4) 11 個の資料を大きさの順に並べ変えると，42，
43，49，52，55，⑤⑥，58，61，61，63，
65
よって，中央値は，真ん中（6番目）の 56 回

3 点 A を中心，半径を AC とする円をかく。
次に点 B を中心，半径を BC とする円をかく。
2 つの円の交点のうち C でない点を D とする。
このとき，点 D は直線 ℓ に対して点 C と反対側に
あって，CD⊥ℓ，∠DAB＝∠CAB
よって，∠DAB の二等分線をひき，直線 CD との
交点を P とすれば，この点 P は条件①，②，③のす
べてを満たしている。

4 (1)① 関数 $y = ax^2$ のグラフは，点 (6，9) を
通るから，$x = 6$，$y = 9$ を代入して，$9 = a \times 6^2$
$36a = 9$　$a = \frac{1}{4}$

② $0 \leqq x \leqq 6$ のとき，
点 P は辺 AB 上，点 Q
は辺 BC 上にあるから，
AP＝px cm，
BQ＝x cm
よって，
$$y = \frac{1}{2} \times px \times x = \frac{1}{2}px^2$$

これが①より，$y = \frac{1}{4}x^2$ と等しくなるから，

$$\frac{1}{2}px^2 = \frac{1}{4}x^2 \quad p = \frac{1}{2}$$

(2) $6 \leqq x \leqq 12$ のとき，点 P
は辺 AB 上，点 Q は辺
CD 上にあるから，右の
図のようになる。

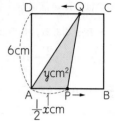

AP＝$\frac{1}{2}x$ cm，△APQ の
底辺を AP とすると高さ
は 6 cm だから，
$$y = \frac{1}{2} \times \frac{1}{2}x \times 6 = \frac{3}{2}x$$

(3) $12 \leqq x \leqq 18$ のとき，点
P は辺 BC 上，点 Q は辺
DA 上にあるから，右の
図のようになる。

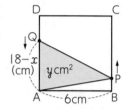

△APQ で，
AQ＝$18 - x$ (cm)
AQ を底辺とすると高さは 6 cm だから，
$$y = \frac{1}{2}(18 - x) \times 6 = 3(18 - x) = -3x + 54$$
よって，
$0 \leqq x \leqq 6$ のとき，$y = \frac{1}{4}x^2$

$6 \leqq x \leqq 12$ のとき，$y = \frac{3}{2}x$

$12 \leqq x \leqq 18$ のとき，$y = -3x + 54$

> **POINT** $0 \leqq x \leqq 18$ で，点 P，Q がそれぞれどの
> 辺上にあるかを考えよう。

高校入試模擬テスト ③

本文 p.70〜72

1 (1)$7+5\sqrt{3}$　(2)$15x^2+10xy-26y^2$

2 (1)$(a-7)(a+4)$　(2)$(x-2)(x+6)$

3 (1)$35°$　(2)$(a, b)=(1, 6),(2, 3)$

4 黒色…113枚，白色…112枚

5 (1)金額…1155円，重さ…31g

(2)$(13n-8)$g　(3)8331円

6 (1)$\dfrac{2}{5}$　(2)$\dfrac{4}{5}$

7 (1)160cm　(2)①$y=-\dfrac{4}{5}x+240$

②$96≦y≦200$　(3)$x=120$

解　説

1 (1)$(2-\sqrt{3})^2+\dfrac{27}{\sqrt{3}}$

$=4-4\sqrt{3}+3+\dfrac{27\sqrt{3}}{3}$

$=7-4\sqrt{3}+9\sqrt{3}$

$=7+5\sqrt{3}$

(2)$(4x+y)(4x-y)-(x-5y)^2$

$=16x^2-y^2-(x^2-10xy+25y^2)$

$=16x^2-y^2-x^2+10xy-25y^2$

$=15x^2+10xy-26y^2$

2 (1)積が-28，和が-3となる2数は，-7と4であるから，

$a^2-3a-28=(a-7)(a+4)$

(2)$x+3=A$とおくと，

$(x+3)^2-2(x+3)-15=A^2-2A-15$

$=(A-5)(A+3)=(x+3-5)(x+3+3)$

$=(x-2)(x+6)$

3 (1)BA=BE より，

∠BAE=∠BEA

$=(180°-70°)÷2$

$=55°$

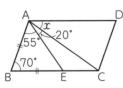

四角形ABCDは平行四辺形だから，

∠BAD+∠B=180°

よって，∠BAD=180°−70°=110°

∠x=110°−(55°+20°)=35°

(2)$x^2+ax-b=0$ の解の1つが $x=-3$ であるから，$x=-3$ を代入して，

$(-3)^2+a\times(-3)-b=0$　$9-3a-b=0$

よって，$3a+b=9$（a, bは自然数）から，

$(a, b)=(1, 6),(2, 3)$

4 n番目のタイルの枚数は全部でn^2枚ある。

偶数番目では，黒色のタイルと白色のタイルの枚数は等しく，奇数番目では，黒色のタイルが白色のタイルより1枚多いことがわかる。

よって，15番目の黒色のタイルは白色のタイルより1枚多いから，$\dfrac{15^2+1}{2}=\dfrac{226}{2}=113$（枚），

白色のタイルは 113−1=112（枚）

POINT　偶数番目と奇数番目の模様で，黒色のタイルと白色のタイルの枚数の関係に違いがあることに注目しよう。

5 (1)1円硬貨，50円硬貨，1円硬貨，500円硬貨の順にそれぞれ1枚ずつ貯金箱へくり返し入れていくので，この4枚の硬貨を1セットとする。

1セット入れると，

金額の合計は，1+50+1+500=552（円）

重さの合計は，1+4+1+7=13（g）

入れた硬貨が10枚のときは，3セット入れた後に1円硬貨と500円硬貨の2枚を取り除くと考える。よって，

金額の合計は，552×3−1−500=1155（円）

重さの合計は，13×3−1−7=31（g）

(2)nセット入れた後に1円硬貨と500円硬貨の2枚を取り除くと考える。

重さの合計は，13×n−1−7=$13n-8$（g）

(3)仮に，n枚の50円硬貨を入れたときに200gとなったとすると，

$13n-8=200$　$13n=208$　$n=16$

つまり，16枚目の50円硬貨を入れたときちょうど200gになるから，16セット入れた後に1円硬貨と500円硬貨の2枚を取り除くと考える。よって，金額の合計は

552×16−1−500

=8832−501=8331（円）

6 (1)5枚のカードから同時に2枚を取り出す場合の数は 4+3+2+1=10（通り）

小数第1位の数が3であるのは，4.3，5.3，6.3，7.3の4通り

よって，求める確率は $\dfrac{4}{10}=\dfrac{2}{5}$

(2)四捨五入して得られる数が7より大きくなるのは，7.6，7.5の2通り

よって，7以下になる確率は，$1-\dfrac{2}{10}=\dfrac{4}{5}$

7 (1)ライトの底面と床を照らしてできる円は相似な図形になる。床を照らしてできる円の直径を a cm とすると，$10:(300-100)=8:a$
$a=160$
よって，160 cm

(2)①$10:(300-x)=8:y$ $10y=8(300-x)$
$y=\dfrac{4}{5}(300-x)=-\dfrac{4}{5}x+240$

②①の式に $x=50, 180$ をそれぞれ代入して，
$y=-\dfrac{4}{5}\times50+240=200$，
$y=-\dfrac{4}{5}\times180+240=96$
よって，$96\leqq y\leqq200$

(3)ライトBが床を照らしてできる円の直径を z cm とすると，
$10:\left(300-\dfrac{x}{2}\right)=6:z$ $10z=6\left(300-\dfrac{x}{2}\right)$
$z=\dfrac{3}{5}\left(300-\dfrac{x}{2}\right)=-\dfrac{3}{10}x+180$
2つのライトが照らしてできる円の直径が等しければよいから，$-\dfrac{4}{5}x+240=-\dfrac{3}{10}x+180$
$-8x+2400=-3x+1800$ $-5x=-600$
$x=120$